Jürgen Glag

Effiziente Softwareentwicklung
mit DB2/MVS

Zielorientiertes Software-Development

Herausgegeben von Stephen Fedtke

Die Reihe bietet Programmierern, Projektleitern, DV-Managern und der Geschäftsleitung wegweisendes Fachwissen.

Die Autoren dieser Reihe sind ausschließlich erfahrene Spezialisten. Der Leser erhält daher gezieltes Know-how aus erster Hand. Die Zielsetzung umfaßt:

- Entwicklungs- und Einführungskosten von Software reduzieren
- Zukunftsweisende Strategien für die Gestaltung der Datenverarbeitung bereitstellen
- Zeit- und kostenintensive Schulungen verzichtbar werden lassen
- effiziente Lösungswege für Probleme in allen Phasen des Software-Life-Cycles aufzeigen
- durch gezielte Tips und Hinweise Anwendern einen Erfahrungs- und Wissensvorsprung sichern

Ohne Wenn und Aber kommen die Autoren zur Sache. Das Resultat: praktische Wegweiser von Profis für Profis. Für diejenigen, die heute anpacken, was morgen bereits Vorteile bringen wird.

Bisher erschienen:

Qualitätsoptimierung der Software-Entwicklung
Das Capability Maturity Model (CMM)
von Georg Erwin Thaller

Objektorientierte Softwaretechnik
Integration und Realisierung in der betrieblichen DV-Praxis
von Walter Hetzel-Herzog

Effizienter DB-Einsatz von ADABAS
von Dieter W. Storr

Effizienter Einsatz von PREDICT
Informationssysteme entwerfen und realisieren
von Volker Blödel

Effiziente NATURAL-Programmierung
von Sylvia Scheu

CASE – Leitlinien für Management und Systementwickler
von Hermann Henrich, Axel Hantelmann und Reinhold Nürnberger

Handbuch der Anwendungsentwicklung
Wegweiser erfolgreicher Gestaltung von IV-Projekten
von Carl Steinweg

CICS und effiziente DB-Verarbeitung
Optimale Zugriffe auf DB2, DL/1 und VSAM-Daten
von Jürgen Schnell

Effiziente Softwareentwicklung mit DB2/MVS
Organisatorische und technische Maßnahmen zur Optimierung der Performance
von Jürgen Glag

Vieweg

Jürgen Glag

Effiziente Softwareentwicklung mit DB2/MVS

Organisatorische und technische Maßnahmen zur Optimierung der Performance

Herausgegeben von Stephen Fedtke

Alle Rechte vorbehalten
© Springer Fachmedien Wiesbaden 1996
Ursprünglich erschienen bei Friedr. Vieweg & Sohn Verlagsgesellschaft 1996
Softcover reprint of the hardcover 1st edition 1996

Der Verlag Vieweg ist ein Unternehmen der Bertelsmann Fachinformation.

Gedruckt auf säurefreiem Papier

ISBN 978-3-663-05838-0   ISBN 978-3-663-05837-3 (eBook)
DOI 10.1007/978-3-663-05837-3

Vorwort

Im Laufe der letzten Jahre haben relationale Datenbanksysteme zunehmend die Speicherung von Daten übernommen, die vorher in hierarchischen Datenbanksystemen oder in VSAM-Dateien gespeichert wurden. Dabei spielt in großen Unternehmen DB2 eine wichtige Rolle für die Verwaltung unternehmenswichtiger Daten. Diese neue Situation erfordert es, sich vermehrt mit der Performance von DB2 zu beschäftigen.

In vielen dieser Unternehmen läßt sich die Situation nämlich dadurch charakterisieren, daß man aufgrund jahrelanger Erfahrung die Tücken von VSAM oder IMS kennt und sie zu umgehen weiß, so daß die darauf basierenden Anwendungssysteme hochgradig performant sind. Der Versuch, auf DB2 dieselben Tuningmaßnahmen anzuwenden wie auf die anderen Systeme, muß jedoch wegen der unterschiedlichen Systemarchitektur scheitern. Dies ist einer der Gründe, warum DB2 der Ruf anhängt, daß sich mit ihm keine performanten Systeme erstellen lassen.

Aufgrund der eigenständigen Systemarchitektur sind also andere Maßnahmen als bisher erforderlich, um performante Anwendungssysteme zu verwirklichen.

Dieses Buch ist kein ausführliches Grundlagenwerk zum DB2, sondern ein Kompendium für die Lösung von Performanceproblemen, die durch das Design von Anwendungssystemen verursacht werden. Es wird vorausgesetzt, daß die Systemparameter „stimmen". Hier werden eine Vielzahl von Erfahrungen vermittelt, die in der täglichen Praxis in zahlreichen Projekten gewonnen wurden.

Der erste Teil befaßt sich mit einer systematischen Behandlung der Symptome, der Ursachen und erprobter Lösungen von typischen Performanceproblemen. Mit diesem Wissen kann der Leser beim Auftreten von Problemen deren potentielle Ursachen eingrenzen und so schnell zu Lösungen kommen.

Der zweite Teil enthält Fallstudien aus der täglichen Praxis. Diese Beispiele wurden so gewählt, daß sie für die meisten Anwender relevant sind und sich sofort im Unternehmen einsetzen lassen. Durch Einsatz dieser Anwendungsbeispiele werden die benötigten Funktionalitäten derart implementiert, daß kaum noch eine Gefahr für das Auftreten von Performanceproblemen besteht.

Der dritte Teil zeigt eine Tuning-Methodik auf, Performanceprobleme im täglichen Betrieb effizient zu lösen. In einer solchen Situation ist es einerseits wichtig, schnell zu greifbaren Ergebnissen zu kommen, andererseits wird kaum genügend Zeit zur Verfügung stehen, erst eine adäquate Methode zu entwickeln und die Probleme dann zu lösen. Ein solches Tuning ist in einem DB2-Environment wie auch in anderen Umgebungen nicht völlig zu vermeiden, aber durch die in diesem Buch beschriebenen Maßnahmen minimierbar.

Abschließend sind eine Reihe von Checklisten und Beispielen zu finden, die in der täglichen Arbeit immer wieder verwendet werden.

Jürgen Glag

Juli 1996

Inhaltsverzeichnis

1 Einleitung

1.1 Warum dieses Buch?

In diesem Buch werden die Erfahrungen aus der Arbeit in einer Reihe von großen produktiven DB2-Umgebungen weitergegeben. Es hat sich nämlich gezeigt, daß die meisten Performanceprobleme entweder erst ab einer bestimmten kritischen Transaktionslast oder bei besonders umfangreichen Tabellen auftreten.

Allein durch den Einsatz von „optimalem" SQL wird man Performanceprobleme jedoch nicht nachhaltig lösen können. Vielmehr müssen eine Reihe von Rahmenbedingungen „stimmen", bevor man die erforderliche Sicherheit in der Softwareentwicklung besitzt, performante Systeme entwickeln zu können. In den folgenden Kapiteln des Buches werden eine Reihe von Maßnahmen eingehend behandelt, die es ermöglichen, bessere Systeme zu entwickeln. Für das Vorhandensein dieser Rahmenbedingungen ist im übrigen das Management einer Firma verantwortlich, nicht der einzelne Software-Entwickler.

Neben Empfehlungen für Aktivitäten, um geeignete Rahmenbedingungen zu schaffen, erhält der Leser durch die intensive Diskussion von Symptomen, Ursachen und Maßnahmen von Performanceproblemen sowie durch eine Reihe von Fallstudien Argumente dafür, daß der aus vielen Firmen immer wieder zu hörende Vorwurf, man könne mit DB2 keine performanten Systeme in großen produktiven Umgebungen entwickeln, lediglich ein Vorurteil ist.

Diese Vorwürfe beziehungsweise Vorurteile sind vorwiegend aus solchen Firmen zu hören, die seit Jahrzehnten umfangreiche IMS-Umgebungen betreiben und dementsprechend jahrzehntelange Erfahrungen mit IMS besitzen, während gleichzeitig die Erfahrung mit DB2 nicht so fundiert ist. Ein damit verwandtes Vorurteil lautet, man könne mit DB2 allenfalls Auskunftssysteme wie beispielsweise dispositive Systeme betreiben. Die Ursache für diese Vorurteile sind in den meisten Fällen auf die Unkenntnis der DB2-Spezifika zurückzuführen.

Maßnahmen für eine wirtschaftliche Software-Entwicklung

Im langjährigen Umgang mit DB2 haben sich in der Praxis bestimmte, in vielen Fällen organisatorische Maßnahmen herauskristallisiert, mit denen sich die häufigsten Performanceprobleme weitgehend verhindern lassen. In der betrieblichen Praxis ist dies insofern bedeutsam, als daß Performanceprobleme grundsätzlich ungeplante Kosten verursachen. Auf die zu ergreifenden Maßnahmen wird in den folgenden Kapiteln näher eingegangen.

Performance ist mehr als optimales SQL

Wie bereits oben erwähnt, bietet „optimales" SQL keine Garantie für performante Systeme, sondern ist allenfalls eine notwendige Voraussetzung. Unter optimalem SQL ist in diesem Zusammenhang die sogenannte DML, d. h. die Data Manipulation Language mit Befehlen wie beispielsweise INSERT, UPDATE, DELETE, SELECT zu verstehen. Genau diese Sprachmenge ist im allgemeinen in Anwendungsprogrammen zu finden. Werden diese Befehle optimal geschrieben beziehungsweise im Rahmen von Tuningmaßnahmen nachträglich optimiert, ist der Einfluß dieser Maßnahmen in bezug auf ein gesamtes Anwendungssystem immer lokal, d. h. auf das geänderte Programm beschränkt. Es ist offensichtlich, daß dies bei umfangreichen Softwaresystemen eine relativ wenig wirksame Maßnahme zur Verbesserung der Performance ist. In den folgenden Kapiteln werden Maßnahmen beschrieben, deren Wirkung globaler ist. Dieses Buch setzt daher die Kenntnis von SQL voraus.

1.2   Zielgruppen

Aus der Zielsetzung dieses Buches, die organisatorischen und technischen Maßnahmen zur Sicherstellung effizienter Anwendungssysteme aufzuzeigen, lassen sich die wesentlichen Zielgruppen mit den für sie interessanten Themenstellungen ableiten.

DV-Management

Dieses Buch gibt dem DV-Management Hilfestellungen, die geeigneten Rahmenbedingungen für die Erstellung performanter Softwaresysteme zu schaffen.

Verantwortliche für Methoden, Tools und Qualitätssicherung

Die eingehende Behandlung von organisatorischen Maßnahmen, Standards und unterstützenden Tools in diesem Buch kann die Verantwortlichen für Methoden, Tools und Qualitätssicherung darin unterstützen, durch das jeweils eingesetzte Vorgehensmodell und die Qualitätsprüfungen sicherzustellen, daß in neu entwickelte Anwendungssysteme performant ablaufen.

Projektmanager und Projektleiter

Projektmanager beziehungsweise Projektleiter sind wesentlich für die Einhaltung der Projektziele und die Koordination der Aufgaben verantwortlich. Die grundsätzlichen Projektziele bestehen zunächst einmal rein formal darin, geplante Kosten und Termine einzuhalten. Ein Projektmanager oder -leiter wird seine Aufgaben umso besser erfüllen, je mehr Risiken er frühzeitig minimieren kann. Eines der Risiken für die Zieleinhaltung sind ungeplante, meistens nicht budgetierte Nacharbeiten, die durch eine schlechte Effizienz des erstellten Anwendungssystems erforderlich werden. Daher liegt es in seinem Interesse, daß die für die Sicherstellung der Performance erforderlichen Maßnahmen ergriffen werden. Solche Maßnahmen bestehen zum Beispiel in der Erstellung bestimmter Projekt- und Dokumentationsergebnisse und in der kosten- und terminmäßigen Planung von Qualitätssicherungsmaßnahmen bereits in der ersten Projektplanung. Für Hinweise zur Organisation und Planung von Tuning-Projekten in engeren Sinne ist Kapitel 5 reserviert. Dort werden der Projektverlauf und die Erfahrungen mehrerer in der Vergangenheit durchgeführter Tuningprojekte geschildert.

Softwareentwickler

Für Softwareentwickler sind zwei Aspekte dieses Buches von besonderem Interesse. Einerseits ist es wichtig, sachlich nachvollziehbare Begründungen für vorgegebene Regeln und Standards zu erhalten, damit diese nicht als „Schikane" einer Abteilung Methoden und Tools empfunden werden, die in den Augen mancher Entwickler sowieso nichts von Softwareentwicklung versteht. Wenn ein Entwickler dagegen nachvollziehen kann, daß die von ihm erstellten Systeme durch die Einhaltung bestimmter Standards besser werden, wird er sich gegen diese Maßnahmen wohl kaum sperren. Andererseits kann ihm dieses Buch auch dabei helfen, Performanceprobleme schneller einzugrenzen und damit auch zu beheben.

Datenbankadministratoren

In vielen Fällen ist ein Datenbankadministrator, im folgenden kurz DBA genannt, nach der Produktionseinführung eines neuen Softwaresystems derjenige, der das System tatsächlich zum Laufen bringt. Er muß in kürzester Zeit die Tuningmaßnahmen vornehmen, die während der Entwicklung nicht berücksichtigt wurden. In einer solchen Situation ist es für ihn kaum noch möglich, den eigentlichen Aufgaben wie zum Beispiel Produktionsüberwachung nachzukommen. Sein Interesse liegt im wesentlichen darin, bestimmte Maßnahmen in der Softwareentwicklung zu erzwingen, damit von Anfang an performante Systeme erstellt werden. Beispielsweise sollte er darauf drängen, daß eine Produktionseinführung nur noch dann stattfinden kann, wenn bestimmte Ergebnisse während des Entwicklungsprozesses erstellt worden sind beziehungsweise wenn er in bestimmten Projektphasen konsultiert oder informiert wurde. Mittelfristig bedeutet das auch für einen DBA, daß bestimmte Maßnahmen zu Standards erhoben werden.

Für Mitarbeiter der Systemprogrammierung, Verantwortliche für RZ-Betrieb und für weitergehende Aufgaben des DBA ist Literatur wie zum Beispiel der Installation Guide, der Administration Guide, Manuals für DB2-nahe Systemsoftware von höherer Bedeutung.

2 Performanceprobleme: Symptome, Ursachen, Maßnahmen

Ausgehend von den typischen Symptomen, die sich bei Performanceproblemen in Anwendungssystemen zeigen, wollen wir im folgenden Kapitel die jeweiligen Ursachen erläutern. Jeweils anschließend finden sich konkrete Hinweise, mit welchen Maßnahmen diesen Problemen begegnet werden kann. Dabei ist immer der Ausspruch von Spezialisten aus dem amerikanischen Sprachraum zu berücksichtigen: „It depends". Damit soll gesagt sein, daß die Maßnahmen keine Allheilmittel sind, sondern in *bestimmten* Situationen mit einem *bestimmten* technischen Umfeld die Lösung des Problems dargestellt haben. Außerdem muß man sich bewußt sein, daß es normalerweise nicht *eine* Ursache für ein Problem gibt, sondern mehrere. Das gleiche gilt für die Lösung des Problems. Abhängig vom vorhandenen technischen Umfeld gibt es fast immer mehrere Lösungsansätze.

Beginnen wir also mit den Symptomen, die sich bei Performanceproblemen für den Betrachter sichtbar darstellen:

- Locking-Probleme,

- Queueing-Probleme,

- „Lieferzeiten statt Antwortzeiten" im Online-Betrieb,

- zu lange Batchlaufzeiten.

Für jedes dieser Symptome gibt es ein Bündel von Ursachen. Es folgt eine systematische Diskussion der Ursachen, und zwar geordnet nach den Symptomen.

2.1 Locking-Probleme

Ursachen von
Locking-Problemen

Für Locking-Probleme lassen sich eine Reihe von Ursachen anführen. Diese Problemkategorie wird nicht nur durch zu lange Commit-Strecken verursacht, sondern auch durch intensiven Betrieb auf Tablespaces und Indizes.

Als Ursachen für Locking-Probleme kommen infrage:

- Lange Commit-Strecken,

- Ausführung teurer Operationen,

- Hot-Spots.

2.1.1 Lange Commit-Strecken

Lange Sperren
vermeiden

Durch das lange Sperren einer Ressource – Tablespace-Page oder Index-Page – durch einen Verursacher, meist ein Batch-Programm, das in zu großen Abständen oder gar nicht Commit-Befehle absetzt, entstehen Behinderungen für konkurrierende Zugriffe auf diese gesperrten Ressourcen. Dabei ist es völlig unerheblich, ob das konkurrierende Programm ein Batchprogramm oder eine Online-Transaktion ist.

Im Online-Betrieb wird es relativ selten vorkommen, daß eine Transaktion Ressourcen über zu lange Zeiträume hält, da im CICS spätestens beim Senden der Bildschirmmaske automatisch ein SYNCPOINT gesetzt wird, der einen COMMIT im DB2 initiiert. Andererseits ergeben manuell programmierte SYNCPOINTs zur Verkürzung der Sperrzeiten aus Applikationssicht meist keinen Sinn.

COMMIT im Batch

Daher beschränkt sich das Setzen von COMMIT-Befehlen im wesentlichen auf das Batch-Geschäft. Außer bei extremen Kurzläufern, die innerhalb von wenigen Minuten beendet sind, ist es für alle Batch-Programme zwingend erforderlich, daß sie in regelmäßigen Abständen COMMIT-Befehle absetzen. Gleichzeitig tritt ein weiterer erwünschter Effekt ein: Bei Abstürzen muß nicht der gesamte Lauf wiederholt werden, sondern er kann beim letzten COMMIT-Punkt aufgesetzt werden. Dies setzt allerdings voraus, daß in jedes Batch-Programm eine Wiederaufsetzlogik eingebaut ist. Dies ist übrigens ein dankbares Tätigkeitsfeld mit hohem Nutzwert für die in fast allen Firmen vorhandene Abteilung „Methoden und Tools".

Checkpoint-Tabelle

Bewährt hat sich die Methode, eine generalisierte, systemweit gültige Tabelle für Checkpoint-Informationen einzurichten. Als Ordnungsbegriffe kommen Jobname, Stepname und Ausführungsbeginn infrage, die Checkpoint-Area ist ein hinreichend langes Character-Feld. Der Inhalt dieses Feldes ist programmspezifisch, da die festzuhaltenden Daten wie zum Beispiel Ordnungsbegriffe und Work-Felder des Programms überall unterschiedliche Formate besitzen.

Bei Programmstart wird, abhängig davon, ob ein Neustart oder ein Restart durchgeführt wird, entweder ein erster Satz in die Checkpoint-Tabelle geschrieben oder der letzte passende Satz der abgebrochenen Verarbeitung gelesen. Damit steht die Information bereit, ab welchem Ordnungsbegriff weiterverarbeitet werden soll. Wichtig für die Datenintegrität beim Schreiben der Veränderungen ist, daß die Informationen der Checkpoint-Tabelle unmittelbar vor dem COMMIT-Befehl geschrieben werden.

Nun zur Checkpoint-Frequenz. In einer Reihe von Firmen hat sich eine kombinierte Methode aus aktivitäts- und zeitgesteuerter Checkpoint-Schreibung als tragfähig erwiesen.

Locking-Probleme durch intensiven Betrieb auf Tablespaces beziehungsweise Indizes treten meist aufgrund der folgenden Ursachen auf.

2.1.2 Ausführung teurer Operationen

Verschärfung des Problems bei vielen Indizes

Mit teuren Operationen sind insbesondere die SQL-Befehle INSERT und DELETE gemeint. Werden diese Befehle in Programmen häufig ausgeführt, kann es zu Locking-Konflikten mit anderen Requestern kommen. Dadurch, daß durch diese Befehle nicht nur die Tablespace-Page oder sogar mehrere Pages bei Massen-Delete gesperrt werden, sondern auch noch zum Teil umfangreiche Indexbereiche, sind Locking-Konflikte vorbestimmt. Das Problem verschärft sich auf Tablespace-Seite bei kurzen Satzlängen, da die meist sinnvolle Sperre auf Page-Ebene viele Rows umfaßt. Durch mehrere Indizes auf den angesprochenen Tabellen wird die INSERT- bzw. DELETE-Aktivität drastisch erhöht; es besteht sogar die Gefahr von Deadlocks, wenn mehrere Requester verändernd über unterschiedliche Zugriffspfade aktiv sind.

Für diese Problemursache haben sich mehrere Maßnahmen bei bestimmten Rahmenbedingungen bewährt.

DELETE- durch UPDATE-Statements ersetzen

Die Maßnahme mit den geringsten Nebenwirkungen, die also fast nur lokal wirkt, besteht darin, das DELETE-Statement durch ein UPDATE-Statement auf ein Gültigkeitsfeld zu ersetzen. Dafür muß die Tabelle um genau dieses Gültigkeitsfeld erweitert werden. Abhängig von den Anforderungen der Applikation kann es ein Character-Feld für ein Kennzeichen, ein DATE- oder ein TIMESTAMP-Feld sein. Bei DATE- oder TIMESTAMP-Formaten darf die Option WITH DEFAULT beim CREATE TABLE nicht gesetzt werden. Das Gültigkeitsfeld sollte möglichst nicht in einen Index aufgenommen werden, da die Optimierung durch dieses Feld mit einer hohen Anzahl von Index-Updates ins Gegenteil umschlagen kann. Alle Leseoperationen auf die Tabelle beziehen sich dann zusätzlich zu den bisherigen Bedingungen auf dieses Feld. Bei der INSERT-Operation wird es entweder mit dem kleinsten oder dem größten zulässigen Wert gefüllt. Dies sind beim DATE-Format die Werte 0001-01-01 beziehungsweise 9999-12-31, beim TIMESTAMP-Format die Werte 0001-01-01-00.00.00.000000 bzw. 9999-12-31.24.00.00.000000. Wäre die Option WITH DEFAULT gesetzt und wird beim INSERT kein Wert angegeben, so würde der aktuelle Timestamp genommen, der aber den Satz als ungültig kennzeichnen würde.

PCTFREE erhöhen

Durch die Angabe eines hohen Freespace-Parameters, d. h. PCTFREE-Werts, kann das Locking-Problem bei der Ausführung teurer Befehle ebenfalls entschärft werden. Hierbei ist zu beachten, daß dieser Parameter nur für die Utilities LOAD und REORG relevant ist. Eine anfangs leere Tabelle, in die nur eingefügt wird, besitzt keinen Freespace, auch wenn er in der Tabellendefiniton angegeben wurde. Unterstellt, daß der Reorganisationsstand der Tabelle gut ist, also die Freespace-Definition wirksam ist, so sorgt eine hohe PCTFREE-Angabe dafür, daß sich weniger Informationen in einer Page befinden. An dieser Stelle sei vermerkt, daß bei solchen Situationen der Reorganisationsstand und der Freespace des oder der Indizes eine höhere Bedeutung besitzt als der des Tablespaces. Wächst die Tabelle mit der Zeit an, sinkt die Relation zwischen INSERT und vorhandenen Zeilen. In dieser Entwicklung kann geprüft werden, inwieweit die Freespace-Parameter für Tablespace und Indizes gesenkt werden können. Die einfachste Methode hierzu ist ein ALTER INDEX ... PCTFREE ... bzw. ALTER TABLESPACE ... PCTFREE ... und ein anschließender REORG des Objekts.

Partitioned Tablespaces

Bei großen Tablespaces, die partitioned sind, lassen sich diese Angaben auf Partition-Ebene einstellen. Dies ist häufig dann sinnvoll, wenn der Clustering Index eine Zeitkomponente besitzt. In einem solchen Szenario werden auf den alten Partitions keine oder kaum INSERT-, dafür aber viele SELECT-Operationen durchgeführt. Auf den neuen Partitions hat man genau das umgekehrte Zugriffsprofil, nämlich einen hohen relativen Anteil von INSERT-Operationen. Für eine solche Tabelle ist es sinnvoll, bei den alten Partitions mit wenig Veränderungen einen niedrigen PCTFREE-Prozentsatz, vielleicht sogar Null, bei den neuen Partitions dafür einen hohen PCTFREE-Prozentsatz einzustellen. Auf genau diese Partitions sollten dann auch REORG-Utilities in ausreichend hoher Frequenz laufen, damit die Voreinstellungen wirksam werden und bleiben.

Ladeverfahren einsetzen

Das INSERT-Statement läßt sich leider nicht so einfach wie das DELETE-Statement durch einen anderen SQL-Befehl ersetzen. Für dieses Statement ist zu prüfen, ob ein Ladeverfahren eine sinnvolle Alternative ist.

dispositive Tabelle

Für den einfachsten Fall, daß beispielsweise eine dispositive Tabelle in wöchentlichen oder monatlichen Intervallen neu erstellt wird und ansonsten gegen diese Tabelle keine INSERT-Befehle abgesetzt werden, ist ein Ladeverfahren fast immer wirtschaftlicher. Das erstreckt sich sowohl auf die zur Erstellung benötigte Zeit als auch auf den dann erzielten Reorganisationsgrad der Tabelle.

Werden in einem Lauf mehr als 10 Prozent der Zeilen in eine Tabelle inserted, so sollte geprüft werden, ob nicht ein Entladen der Tabelle mit anschließendem SORT, LOAD REPLACE LOG NO und FULLCOPY günstiger ist. Während die INSERT-Befehle bei Masseneinfügungen die Log-Datasets erheblich belasten, gilt dies nicht für das alternative LOAD-Verfahren. Nebenbei bemerkt: Nach Masseninserts sollte ohnehin aus Sicherheitsgründen eine FULLCOPY gezogen werden, damit die Zeiten für RECOVER-Utilities nicht ins Unermeßliche steigen. Somit ist die Zeit für die Massen-INSERTs plus FULLCOPY gegen die Summe der Zeiten aus den UNLOAD-, SORT- und LOAD-Steps zu rechnen.

Indizes reduzieren

Ein weiteres probates Mittel zur Beseitigung oder wenigstens Entschärfung der Locking-Probleme bei teuren Befehlen ist, die Indizes auf den betroffenen Tabellen zu reduzieren. Gerade durch die beiden Befehle INSERT und DELETE werden die Indizes belastet. Liegen auf einer Tabelle wiederum mehrere Indizes – eine kritische Grenze liegt bei operativen Tabellen bei ca. 3 Indizes – so steigt die Gefahr von synchronen IOs überproportional an. Dadurch, daß praktisch nie alle benötigten Indexpages im Bufferpool zu finden sind, müssen sie zunächst synchron von der Platte besorgt werden. Das Zurückschreiben dieser Pages geschieht wiederum asynchron, so daß es nicht dem verursachenden Request zugeordnet werden kann. Diese Maßnahme ist jedoch insofern etwas problematisch, als daß nicht nur das vorliegende Programm mit seinen teuren Befehlen betroffen ist, sondern alle Zugriffe in den weiteren Programmen auf diese Tabelle. Erst nach dem Prüfen aller Zugriffe kann entschieden werden, ob die Anzahl der Indizes reduziert werden kann. Manche Indizes wurden vielleicht nur vorsorglich angelegt und können daher entfallen. Aber auch durch Umdefinieren von Indizes kann die Gesamtanzahl der Indizes mitunter verkleinert werden, beispielsweise dadurch, daß man zwei mehrspaltige Indizes mit gleichen ersten Spalten und unterschiedlichen hinteren Spalten so vereinigt, daß alle Felder beider Indizes in einen Index hineingelegt werden. Durch diese Maßnahme wird gegebenenfalls der eine Zugriff, der auf den weggefallenen Index stattgefunden hat, etwas benachteiligt, jedoch werden die Veränderungsoperationen auf dieser Tabelle deutlich begünstigt.

2.1.3   Hot-Spots

Probleme bei
aufsteigenden
Schlüsseln

Eine weitere Ursache für Locking-Probleme sind Hot-Spots. Diese entstehen häufig dadurch, daß für eine Tabelle ein aufsteigender Schlüssel definiert ist. Dies kann eine laufende Nummer, aber auch ein Timestamp sein. Arbeiten alle zu einem Zeitpunkt aktiven Requester auf derselben Page, ist der Locking-Konflikt vorprogrammiert.

Für Locking-Probleme aufgrund von Hot-Spots gibt es keine lokale Lösung, die nur ein SQL-Statement betrifft und durch dessen Änderung erreicht wird. Hot-Spots sind ein Problem, das auf Tabellenebene auftritt und auch nur auf dieser Ebene gelöst werden kann.

Hierzu ein Beispiel. Gegeben sei die Tabelle T1 mit einer laufenden Nummer als Clustering Index.

```
CREATE TABLE T1
          (lfdnr
          ,attribut-1
          ,attribut-2
          ,...
          ,attribut-n)
...
CREATE INDEX I1 ON T1
          (lfdnr)
UNIQUE
CLUSTER
...
```

Sollen in diese Tabelle viele Zeilen mit dem aufsteigenden Schlüssel lfdnr gleichzeitig eingefügt werden, so geschieht das aufgrund der Indexdefinition immer in die jeweils letzte Page der Tabelle.

| PAGE 1 | PAGE 2 | PAGE 3 | · · · | letzte PAGE |

Damit spielt sich das gesamte Geschehen auf der letzten Page der Tabelle ab. Diese Page ist damit zu einem Hot-Spot geworden.

Ein Hot-Spot ist dadurch gekennzeichnet, daß mehrere Requester zu einem Zeitpunkt auf einer Page arbeiten wollen. Hot-Spots können sowohl auf Table- als auch auf Indexebene auftreten, sind aber auf Indexebene schwerer erkennbar. Noch ein Wort zur Abgrenzung: Eine Tabelle ohne Index oder mit einem zeitbezogenen Index, auf die zu einem Zeitpunkt nur ein Requester, also eine Task zugreift, besitzt keinen Hot-Spot. Die einzige Gemeinsamkeit besteht darin, daß der Index einen Zeitbezug besitzt.

Schlüssel streuen

Wie kann das Problem gelöst werden? Durch eine geeignete Streuung der Schlüssel lassen sich Hot-Spots vermeiden. Hierzu sind zwei Komponenten notwendig: eine Verschlüsselungs- und eine Entschlüsselungsroutine. Durch eine solche Konstruktion kann die Applikation weiter mit dem ursprünglichen Schlüssel arbeiten, da für sie der tatsächlich abgespeicherte Schlüssel in der Tabelle nicht bekannt sein muß. Das Ver- bzw. Entschlüsseln übernimmt die zentrale Routine, die vor und nach den SQL-Befehlen aufgerufen wird.

Schlüssel invertieren

Ein relativ einfaches Verfahren, das zugleich wenig Overhead nach sich zieht, ist die Invertierung des Schlüssels. Damit ist gemeint, daß der Schlüssel von rechts nach links gelesen wird. Für das oben genannte Beispiel bedeutet das, daß in einem herausgegriffenen Zeitintervall die Zeilen nicht mit den Schlüsselwerten 12345, 12346, 12347, 12348, 12349 eingefügt werden, sondern mit den von rechts nach links gelesenen Werten 54321, 64321, 74321, 84321 und 94321. Man sieht sofort, daß die Schlüsselwerte anders als bei der ursprünglichen Lösung gestreut sind. Dieses Verfahren ist darüberhinaus unkompliziert, als daß sich Schlüssel und invertierter Schlüssel direkt auseinander ohne weitere Informationen bilden beziehungsweise berechnen lassen.

Bei einem Schlüssel, der aus einer fortlaufenden Nummer besteht, ist das Verfahren insofern unproblematisch, als daß der Originalschlüssel als auch der invertierte Schlüssel dasselbe Format besitzen. Somit kann für den invertierten Schlüssel dasselbe Datenformat genutzt werden wie für den ursprünglichen Schlüssel.

Timestamps invertieren

Ist der zeitbezogene Schlüssel ein Timestamp, so bietet sich eine Optimierung an. Da die interne und externe Darstellung des Timestamp drastisch unterschiedlichen Speicherplatz benötigen – 10 Bytes gegenüber 26 Bytes – und der invertierte Schlüssel kein TIMESTAMP-Format mehr besitzt, würde der Index deutlich größer. Möglicherweise würde sogar der Indexlevel steigen. Hier sollten bei der Konvertierung die Sonderzeichen Bindestrich und Punkt entfernt werden, damit das Resultat numerisch wird. Übrig bleiben 20 Ziffern. Diese sind zu invertieren, also letzte Stelle an die erste Stelle, vorletzte Stelle an die zweite Stelle, usw., und hexadezimal in ein Characterfeld mit 10 Bytes Länge zu füllen. Dieses Verfahren ist etwas *tricky*, aber funktioniert mit mehreren Zwischenfeldern sogar in COBOL. Dadurch wird erreicht, daß die Indexlänge völlig unverändert bleiben kann. Der Hotspot konnte somit ohne negative Nebenwirkungen auf den Indexlevel beseitigt werden. Ein Beispiellisting ist in Abschnitt 6.7 auf Seite 130 zu finden.

Schwieriger wird die Lösung, wenn die Tabelle ohne Anfangsbestand mit einem zeitbezogenen Schlüssel aufgebaut wird. In dieser Situation nützt die Invertierung des Schlüssels nicht allein. Sie ist sogar schädlich, da durch die gestreute Verarbeitung, ohne daß Freespace verfügbar ist, relativ schnell Page-Splits auf Indexebene induziert werden. Die Auswirkungen auf Laufzeiten entsprechen denen einer vergleichbaren Situation mit einer VSAM-Datei.

Einen Anfangsbestand laden

In dieser Situation hat sich folgendes Verfahren als hilfreich erwiesen: In eine solche Tabelle sollte im Anfangsstadium ein Anfangsbestand geladen werden. Für die Tabelle wird vorher ein sehr hoher PCTFREE-Wert sowohl auf Tablespace- als auch auf Index-Ebene festgelegt. Wichtiger ist hierbei der Eintrag beim Index. Diese Angabe kann entweder beim CREATE TABLE-Befehl oder durch eine nachträgliche Änderung durch einen ALTER-Befehl eingestellt werden. Nur durch die Ausführung eines LOAD- oder eines REORG-Utilities wird die PCTFREE-Einstellung tatsächlich wirksam. Ein INSERT-Befehl dagegen berücksichtigt die PCTFREE-Angabe nicht. Abhängig vom zur Verfügung stehenden Plattenplatz sollte eine Einstellung von 80 Prozent oder höher gesetzt werden. Gleichzeitig ist daran zu denken, die Zeilen des Anfangsbestands in irgendeinem Feld so zu markieren, daß sie später noch erkannt und mit einem SQL-Statement entfernt werden können. Dieses Verfahren ist unter dem Fachbegriff „Preload" bekannt. Durch die vorab aufgebauten Pages sowohl auf Table- als auch auf Index-Ebene wird die Gefahr von Page-Splits deutlich reduziert. Jetzt kommt die Streuung des Schlüssels durch Invertierung wieder zum Zuge, indem in die vorab aufgebauten Pages gestreut, also ohne Hot-Spot eingefügt wird.

häufige Reorganisation

In der ersten Zeit, in der diese Tabelle bearbeitet wird, kann es erforderlich sein, daß sehr häufig, eventuell sogar täglich ein RE-ORG gefahren wird. Auch hier ist wiederum ist die Reorganisation des Index von höherer Bedeutung, da in einer Index-Page normalerweise signifikant mehr Einträge stehen als in einer Tablespace-Page. Locks auf einer Index-Page betreffen somit wesentlich mehr Rows als ein Lock auf einer Tablespace-Page und führen somit zu größeren Behinderungen.

2.2   Queueing-Probleme

Unter Queueing-Problemen verstehen wir, daß sich durch die Zugriffe auf die DB2-Tabellen Warteschlangen aufbauen. Somit ist diese Problemkategorie eng mit den Locking-Problemen verwandt, denn auf freie Ressourcen wird sich keine Warteschlange bilden.

Dennoch unterscheiden sich die Warteschlangen von den Sperrproblemen durch ihre Ursachen.

Als wichtigste Ursachen für Queueing-Probleme sind zu nennen:

- Gleichartige Verarbeitung,
- Hot-Spots.

2.2.1   Gleichartige Verarbeitung

gleiche
Verarbeitungs-
reihenfolge

So paradox es klingen mag, eine der Ursachen für Warteschlangen ist ein guter Programmierstil. Soll auf mehrere Tabellen in einer Verarbeitungseinheit verändernd zugegriffen werden, treten bei höherer Last entweder Warteschlangen oder Deadlocks auf. Der gute Programmierstil ist dadurch charakterisiert, daß auf die Ressourcen immer in gleicher Reihenfolge zugegriffen wird, also immer erst auf Tabelle1, dann auf Tabelle2 und schließlich auf Tabelle3. Greift ein Requester in einer anderen Reihenfolge zu, besteht die Gefahr, daß die von ihm gerade benötigte Ressource gerade von einem anderen Requester gelockt ist, dieser wiederum auf eine Ressource zugreifen will, die der erste Requester bereits gesperrt hat. Damit ist die klassische Deadlocksituation erreicht.

Für Queuing-Probleme aufgrund der stets gleichartigen Verarbeitungsreihenfolge helfen ähnliche Verfahren wie bei Locking-Problemen.

Queueing tritt gehäuft dann auf, wenn die Einstiegstabelle einer Verarbeitung einen Zeitbezug besitzt.

Ein Beispiel aus der Versicherungswirtschaft: Bei einer Vertragsverwaltung, insbesondere bei der Neuanlage von Verträgen, sind mehrere Tabellen beteiligt. In einem vereinfachten Fall sind dies die Vertragstabelle (*Basisdaten*), die Risikotabelle (*was ist versichert?*) und die Gefahrentabelle (*wogegen ist das Risiko versichert?*). Zwischen den Tabellen bestehen jeweils 1:n-Beziehungen. Wird nun die Vertragsnummer fortlaufend vergeben, so werden alle Requester, die eine Neuanlage durchführen, auf ein und derselben Page arbeiten. Sie werden sich über die Vertragstabelle sequentialisieren, bis jeweils der Vorgänger seinen COMMIT-Punkt gesetzt hat und seine Sperre auf der Vertragstabelle freigibt. Da eine solche Neuanlage eine umfangreiche Datenerfassung und -prüfung beinhaltet, können massive Warteschlangenprobleme auftreten.

Streuung von Schlüsseln

Durch eine Streuung der Vertragsnummer – ähnlich wie im Abschnitt über Locking beschrieben – lassen sich derartige Probleme vermeiden. Dabei kann durchaus so vorgegangen werden, daß der interne Schlüssel den Clustering Index bildet, es jedoch einen weiteren Ordnungsbegriff gibt, mit dem nach außen hin kommuniziert wird. Allerdings wird man in der Regel für diesen Ordnungsbegriff ebenfalls einen Index benötigen. Das Problem Queueing durch einen Hot-Spot wurde also in das andere potentielle Problem transformiert, das durch die Einrichtung eines weiteren Indexes in Verbindung mit einer hohen Insert-Rate entstehen kann.

Dieses Beispiel verdeutlicht eine Hauptproblematik eines Applikationstunings: Es gibt wenige Problemlösungen ohne Nebenwirkungen. Auch dies ist ein Indiz für die Richtigkeit des amerikanischen geflügelten Wortes zu Problemlösungen: „It depends": Es hängt immer von den Rahmenbedingungen ab.

Blockung der SQL-Befehle

Eine weitere Methode zur Verkürzung von Sperrzeiten in einer Verarbeitungseinheit liegt in einer besonderen Programmiertechnik. Anstatt die SQL-Statements zwischen zwei COMMIT-Punkten gestreut auszuführen, sollten sie nach Möglichkeit ohne viel sonstigen Code dazwischen nacheinander ausgeführt werden. Nehmen wir einmal an, daß das Intervall zwischen zwei COMMIT-Punkten eine Minute beträgt. Wird nun am Anfang dieses Intervalls ein Lock durch beispielsweise ein INSERT-Statement gesetzt, so bleibt er fast eine Minute stehen. Wenn dagegen alle SQL-Statements an das Ende der Verarbeitungseinheit gestellt und erst dann ausgeführt werden, so sind die Locks nur kurze Zeit aktiv. Durch diese Programmiertechnik können in der Regel wesentlich mehr konkurrierende Zugriffe ohne Behinderungen durchgeführt werden.

Die nächste Ursache für Queueing-Probleme ist ein schlechtes DB-Design, nämlich ein Hot-Spot.

Lösungsansätze zur Problematik von Hot-Spots sind bei der Behandlung der Locking-Probleme (Abschnitt 2.1) zu finden.

2.3 „Lieferzeiten statt Antwortzeiten" im Online-Betrieb

Auch für diese Problemkategorie gibt es wiederum ein Ursachenbündel, das sich in mehrere Klassen einteilen läßt. Als wichtigste Ursachen seien genannt:

- Zu viele IOs,

- physische Sortierung großer Fundmengen,

- aufwendige Queries,

- große Indizes,

- geringe Selektivität bei Indizes.

2.3.1 Zu viele IOs

Zuerst zu nennen ist eine zu hohe Anzahl von IOs. Auch diese Ursache kann wiederum exakter spezifiziert werden.

Viele
synchrone IOs

Zum ersten kann die Ursache für „Lieferzeiten" darin bestehen, daß zu viele synchrone IOs durchgeführt werden. Damit ist gemeint, daß für jeden Satz, auf den lesend oder schreibend zugegriffen wird, ein Zugriff auf der Platte erforderlich ist. Das bedeutet einerseits, daß für diese Verarbeitungsart der DB2-Bufferpool nicht genutzt wird, der normalerweise zu einer drastischen Beschleunigung der Verarbeitung führt, und andererseits, daß die Bereitstellung von Daten keine schnelle Hauptspeicheroperation, sondern ein relativ langsamer Plattenzugriff ist. Dieses Problem wird häufig dadurch verursacht, daß wichtige und häufige Zugriffe nicht durch den Clustering-Index unterstützt werden. Die Betonung liegt auf dem Begriff Clustering. Bei diesem Index liegen die Rows in den Datenpages – ein guter Reorg-Zustand des Tablespaces vorausgesetzt – in Sortierreihenfolge. Dadurch wird zum Beispiel bei einer Cursorverarbeitung, die durch den Clustering-Index unterstützt wird, die Situation eintreten, daß zur Beschaffung von vielen Rows nur sehr wenige Datenpages gelesen werden müssen und nicht für jede Row eine Datenpage. Durch geeignete Definition dieses Indexes und dessen Nutzung lassen sich häufig die Zugriffe um den Faktor 10 und mehr beschleunigen.

Aufnahme aller
Bedingungen in das
SQL-Statement

Die Ursache zu vieler IOs kann aber auch darin begründet liegen, daß Queries zu viele Datenpages durchsuchen. Häufig liegt das daran, daß nicht alle einschränkenden Bedingungen in die Queryformulierung aufgenommen wurden, sondern im Anwendungsprogramm nach jedem FETCH eines Cursors weiter gefiltert wurde. Durch diese Programmiertechnik, die besonders bei erfahrenen Programmierern aus dem IMS-DB-Umfeld beliebt ist, die zum ersten Mal mit DB2 arbeiten, kann die Datenbank keine IO-Reduzierung durchführen, sondern muß die eigentlich viel zu große Fundmenge dem Anwendungsprogramm zur Verfügung stellen.

Bei dieser Problemursache liegen die Lösungsansätze beinahe auf der Hand: Um die DB2-Aktivitäten bei der Bereitstellung der Anwendungsdaten zu minimieren, sollten alle Bedingungen, die in einer WHERE-Klausel angegeben werden können, genannt werden.

Auf programmierte Joins verzichten

Darüber hinaus werden durch handgeschriebene, d. h. programmierte Joins häufig zu viele IOs durchgeführt. Auch hier gibt es die Regel, daß Joins meistens besser im SQL-Statement als Join formuliert werden, da durch eine verbesserte Indexnutzung weniger Daten transportiert werden müssen. Dabei ist es wichtig, daß das Join-Kriterium auf der inneren Tabelle, d. h. der Tabelle, die später angesprochen wird, durch einen Index unterstützt wird. Ansonsten wird auf dieser Tabelle ein Scan, d. h. sequentielles Durchsuchen, initiiert.

Vorsicht bei Referential Integrity

Eine weitere Ursache für zu viele IOs kann der Einsatz von RI (referential integrity) sein. Bei Masseninsert-Operationen auf der untergeordneten Tabelle, beispielsweise beim Einfügen von vielen Auftragspositionen zu einem Auftrag, wird beim INSERT jeder Position geprüft, ob der übergeordnete Auftrag vorhanden ist. Dies kann zu einem beträchtlichen Overhead führen. Ähnliches gilt auch für DELETE-Operationen auf der übergeordneten Tabelle in Verbindung mit der Option CASCADE. Hier werden die DELETE-Operationen auf der untergeordneten Tabelle verhältnismäßig aufwendig durchgeführt. Zu allem Überfluß ist dieser Vorgang auch mit systemtechnischen Mitteln schwer der verursachenden Task zuzuordnen. Daher ist der Einsatz von RI aus Performancesicht sehr sorgfältig zu prüfen.

2.3.2   Physische Sortierungen großer Fundmengen

Reduzierung der Fundmengen

Eine weitere Ursache von „Lieferzeiten" ist eine Cursorverarbeitung mit einer großen Fundmenge in Verbindung mit einem physischen Sort. Die Cursorverarbeitung einer großen Fundmenge ohne physischen Sort ist nicht so kritisch, ebenso die Sortierung einer kleinen Fundmenge eines Cursors. Die Kombination beider Sachverhalte sorgt für Probleme. Es sollte selbstverständlich sein, einen Cursor stets mit einer ORDER BY-Klausel zu formulieren, damit die Bereitstellung des Ergebnisses unabhängig vom REORG-Zustand der Tabelle ist.

Lösungsansätze sind hier einerseits die Reduzierung der Fundmengen, andererseits die Unterstützung der Sortierung durch geeignete Indizes.

Durch eine Reduzierung der Fundmengen, die häufig dadurch erreichbar ist, daß weitere Klauseln in die WHERE-Bedingung aufgenommen werden, kann die Antwortzeit des Queries deutlich verbessert werden. Oft sind, wie bereits weiter oben erwähnt, nicht alle Bedingungen in das SQL-Statement aufgenommen worden, sondern sie werden im Programm später abgeprüft. Durch diesen Programmierstil werden an das Programm zu viele Daten übertragen. Auch für die im nachhinein überflüssigen Daten muß der gesamte Prozeß der Datenbereitstellung durch die Komponenten Buffer-Manager, Data-Manager und Relational Data System durchgeführt werden, wobei die Komponente Relational Data System besonders ins Gewicht fällt.

Clustering Index sorgfältig wählen

Durch eine geeignete Definiton von Indizes, insbesondere die sorgfältige Wahl des Clustering Index, können physische Sortierungen großer Fundmengen vermieden werden. Hierbei tritt allerdings die Schwierigkeit auf, dieses Ziel mit dem konkurrierenden Ziel in Einklang zu bringen, eine möglichst geringe Anzahl von Indizes auf Tabellen einzurichten.

2.3.3   Aufwendige Queries

Aufwendige Queries können in mehrerlei Hinsicht die Ursache für zu hohe Antwortzeiten darstellen.

ungünstiger Zugriffspfad bei Join

Der erste mögliche Grund kann darin liegen, daß bei einem Join vom Optimizer ein ungünstiger Zugriffspfad gewählt wurde. „Ungünstig" bedeutet hier, daß die Reduzierung der Fundmengen auf den Tabellen in der Reihenfolge ihrer Verarbeitung erst spät stattfindet. Bei einem Query, das einen Join auf drei Tabellen durchführt und aufgrund der WHERE-Bedingung auf der ersten Tabelle 10.000 Rows, auf der zweiten Tabelle 1.000 Rows und auf der dritten Tabelle 10 Rows qualifiziert, findet die Reduzierung der aus dem Cursor resultierenden Zeilen erst sehr spät statt. Daher wird dieses Query auch recht aufwendig sein, auch wenn die Join-Bedingungen von Indizes unterstützt werden, da von ihm viele Pages bewegt werden. Ließe sich der Zugriffspfad so beeinflussen, daß zuerst die Tabelle3 verarbeitet wird, könnte das Query die Daten in erheblich kürzerer Zeit bereitstellen.

**Katalogwerte
überprüfen**

In dieser Situation ist zu untersuchen, ob zum BIND-Zeitpunkt, bei dem der Zugriffspfad festgelegt wird, korrekte Spalteninformationen vorgelegen haben. Überprüfen Sie also zunächst, ob auf die betroffenen Tabellen das RUNSTATS-Utility gelaufen ist. Dieser eigentlich triviale Fehler tritt erstaunlicherweise häufig auf.

Andere Beeinflussungen des Zugriffspfads sind als heikel bis problematisch zu bezeichnen. Möglichkeiten bestehen durch Katalogmanipulation und durch Querymanipulation. Beide Maßnahmen müssen gut dokumentiert werden, damit sie nicht bei der nächsten Änderung der Tabelle oder des Queries unter den Tisch fallen. Besonders Querymanipulationen durch redundante Klauseln, die an der Fundmenge keine Änderungen vornehmen, sind bei Release- und Versionswechseln kritisch zu beobachten, da sie auf bestimmte Eigenschaften des Optimizers zu einem definierten Releasestand aufsetzen. Bei Verbesserungen des Optimizers können diese Manipulationen zu erheblichen Laufzeitrisiken führen.

**Tabellenanzahl
bei Joins
beschränken**

Der zweite mögliche Grund für aufwendige Queries liegt darin, daß zu viele Tabellen in einem Join angesprochen werden. Dies ist jedoch eine Stelle, an der eine Query-Optimierung vergeblich ansetzt. Die Ursache für Vielwege-Joins, also Joins, die mehr als vier Tabellen ansprechen, liegt eher im Datenbankdesign, oder besser gesagt, im nicht durchgeführten Datenbankdesign begründet. Hier wurde aller Erfahrung nach das konzeptionelle Datenmodell in der Datenbank ohne Änderungen implementiert. Diese Vorgehensweise mag noch bei kleinen Datenbeständen oder bei wenig genutzten Systemen akzeptabel sein, bei Applikationen mit großem Datenvolumen oder großer Last im Online-betrieb werden sich zwangsläufig Probleme ergeben. Die Maßnahmen zur Optimierung eines Vielwege-Joins werden also aufwendig, denn nur durch Überarbeitung des Tabellendesigns ist die Anzahl der beteiligten Tabellen zu reduzieren.

Da die Lösungsansätze, die sich bei dieser Ursache anbieten, in das Tabellendesign eingreifen, sind sie stets mit Zusatzaufwand verbunden.

**redundante Felder
einführen**

Die erste Möglichkeit ist ziemlich bekannt: In bestimmte beteiligte Tabellen werden redundante Felder aufgenommen, um die Anzahl der angesprochenen Tabellen zu reduzieren. Aufwendig stellt sich bei dieser Lösung die sichere Verwaltung der redundanten Felder dar. Einerseits ist ein erhöhter Programmier- und Testaufwand zu verzeichnen, andererseits wird für das laufende System Overhead durch die zusätzliche Pflege der redundanten Felder aufgebaut.

Preload von Tabellen

Unter bestimmten Rahmenbedingungen läßt sich eine weitere Problemlösung durchführen. Sie ist unter der Bezeichnung „Preload" bekannt. Falls die beteiligten Tabellen nur turnusmäßig verändert werden, kann eine zusätzliche Tabelle durch den problematischen Join aufgebaut werden. Dies geschieht über den Umfang aller Tabellen hinweg. Man qualifiziert den Join also nicht über einen Einstiegsbegriff, der über eine Hostvariable qualifiziert wird, wie man es sonst täte, sondern verbindet die Tabellen lediglich mit den vorhandenen Join-Kriterien. Die Ergebnismenge aus diesem Join wird dann als Ladebestand für die neue Tabelle verwendet. Auf dieser Tabelle wiederum wird ein Index, der aus dem oben genannten Ordnungsbegriff für den einmaligen Aufruf besteht, definiert. Damit ist aus dem Vielwegejoin ein einfacher Tabellenzugriff geworden, der laufzeitmäßig deutlich günstiger ist. Aufwendig bei dieser Lösung ist die Implementierung des automatisierten Ladeverfahrens im Anschluß an die turnusmäßige Veränderung der Ausgangstabellen. Wichtig erscheint hier, daß das Verfahren vollautomatisch abläuft, damit keine manuellen Fehlerquellen zu Buche schlagen können.

Subqueries vermeiden

Eine dritte Ursache kann darin liegen, daß kein Join, sondern stattdessen ein relativ kompliziertes Subquery formuliert wurde. In den meisten Fällen können – und sollten! – Subqueries durch eine adäquate Join-Formulierung ersetzt werden. Ausnahmen hierzu bilden zum Beispiel Subqueries mit NOT EXISTS-Klauseln. Im allgemeinen wird die Formulierung als Join erheblich billiger sein.

2.3.4   Große Indizes

Auf große Tabellen trifft man vor allem in großen Produktionsumgebungen – eine Tatsache, die auch aus Performanceaspekten eine Rolle spielt. Diese Situation ist auch ganz beruhigend, denn große Datenmengen sind oft ein Indikator dafür, daß die Firma, in der man arbeitet, ein umfangreiches Geschäft zu betreiben hat.

Indexlevel reduzieren

Dennoch ist auch hier festzustellen, daß Indizes oft nicht sorgfältig genug definiert werden. Bei großen Tabellen besteht die latente Gefahr, daß die Indexlevel 4 oder sogar 5 erreicht werden. Diese Information ist aus dem DB2-Katalog, am besten nach einem RUNSTATS, leicht ablesbar.

```
SELECT
        C.NAME
        ,C.NLEVELS
FROM
        SYSIBM.SYSINDEXES C
WHERE
        C.NLEVELS > 3
```

Der Sprung auf diese Indexlevel hat meist eine deutliche Verschlechterung der Zugriffszeiten auf die betroffene Tabelle zur Folge. Dies läßt sich leicht erklären. Aufgrund der großen Anzahl von Indexpages, insbesondere der Leaf-Pages, werden sich genau diese normalerweise nicht im Bufferpool befinden, sondern synchron von der Platte geholt werden müssen. Damit entstehen über die synchronen Zugriffe auf die Datenpages hinaus, die im allgemeinen bei Einzelselects nicht vermeidbar sind, zusätzliche synchrone Zugriffe auf Indexpages. Dies hat zur Folge, daß ein Zugriff auf besagte Tabelle signifikant teurer wird als auf eine Tabelle mit Indexlevel 3 oder weniger.

Anzahl der Indexspalten reduzieren

Wodurch entsteht nun ein Indexlevel 4 oder größer? Meistens wird der Index so definiert, damit beim Cursor-Zugriff ein Sort vermieden wird. Also werden alle Felder der WHERE- und der ORDER BY-Bedingung in den Index aufgenommen. Dadurch besteht der Index aus möglicherweise sehr vielen Feldern. Eine pragmatische Grenze sollte bei fünf Feldern angenommen werden. In den meisten Fällen reicht es aus, in die Indexdefinition die Felder der WHERE-Bedingung aufzunehmen. Damit läßt sich die Größe des Indexes positiv beeinflussen.

Mitunter werden auf einer Tabelle mehrere beinahe redundante Indizes mit jeweils vielen Feldern definiert. Dies geschah aus der bereits genannten Motivation heraus, alle Cursor-Zugriffe durch Indizes derart zu unterstützen, daß aus dem Explain heraus erkennbar keine Sortierungen mehr durchgeführt werden müssen. Sortierungen zu vermeiden ist sinnvoll, besonders bei großen Fundmengen. Allerdings ist es erforderlich, ein Gleichgewicht zwischen einer möglichst geringen Anzahl von Indizes und möglichst kleinen Indexleveln zu finden. An dieser Stelle sind also zwei konkurrierende, jeweils für sich gültige Ziele, in Einklang zu bringen.

redundante Indizes zusammenlegen

Ein Lösungsansatz, der bei diesem Problem auf seine Auswirkungen geprüft werden muß, ist die Zusammenlegung von beinahe redundanten Indizes, um die Gesamtanzahl der Indizes auf besagter Tabelle zu reduzieren. Hierbei muß man aufpassen, daß durch eine Verlängerung des verbleibenden Indexes möglichst keine Erhöhung des Indexlevel erfolgt. Zusätzlich ist sicherzustellen, daß für das Query, das jetzt nicht mehr durch seinen ursprünglichen Index unterstützt wird, eine hinreichend hohe Selektivität durch den erweiterten Index sichergestellt wird. Dieses Query kann nach der Tuningmaßnahme schließlich nicht mehr den Indexbaum lückenlos nutzen.

2.3.5   Geringe Selektivität bei Indizes

Auch diese Situation tritt auf bei nicht sorgfältig definierten Indizes oder bei der mehrfach angesprochenen Motivation, alle Zugriffe um jeden Preis sortierfrei zu bekommen. Eine geringe Selektivität ist an folgendem Query erkennbar, daran abzulesen, daß der Wert FULLKEYCARD klein gegenüber dem Wert CARD ist. FULLKEYCARD bezeichnet die Anzahl verschiedener Einträge im Index, CARD die Anzahl der Tabellenzeilen:

```
SELECT
        C.NAME
       ,C.CREATOR
       ,C.TBNAME
       ,C.TBCREATOR
       ,C.FIRSTKEYCARD
       ,C.FULLKEYCARD
       ,D.CARD
  FROM SYSIBM.SYSINDEXES C, SYSIBM.SYSTABLES D
    WHERE C.TBNAME      = D.NAME
      AND C.TBCREATOR   = D.CREATOR
```

hohe Selektivität
des Indexes
anstreben

Bei Indizes mit geringer Selektivität und gleichzeitig großen Datenbeständen werden besonders die Befehle INSERT und DELETE sehr teuer, da die Indizes lange RID-Ketten besitzen. Was bedeutet das für diese Befehle? Ein Indexeintrag, der auf viele Rows verweist, wird durch einen INSERT- bzw. einen DELETE-Befehl verändert. Damit ein Index überhaupt Sinn macht, d. h. Zugriffe beschleunigt, müssen die Verweise auf die Rows, nämlich die Record-IDs (RID) sortiert sein. Genau dieser Prozeß geschieht bei einem INSERT oder bei einem DELETE. Der Indexeintrag wird reorganisiert. Während dieser Zeit ist dieser Indexabschnitt gesperrt. Dementsprechend wird bei dieser internen Verarbeitung kein anderer SQL-Request bedient. Man kann sich vorstellen, was passiert, wenn solche RID-Ketten aus mehreren tausend

Einträgen bestehen und diese Einträge teilweise gelöscht werden. Ähnliches geschieht beim Insert: Die Record-ID des eingefügten Satzes wird in die RID-Kette einsortiert.

Timestamp in den Index aufnehmen

Ein erprobtes Mittel zur Verkürzung der RID-Ketten ist die Verlängerung des Index um ein Timestamp-Feld, das beim Insert einer Zeile mit dem Register CURRENT TIMESTAMP gefüllt wird. Beim Zugriff auf die Zeilen einer solchen Tabelle wird dieses Feld nie angesprochen, da man dessen Inhalt ohnehin nicht kennt und er aus Anwendungssicht auch nicht interessant ist. Die Selektivität des Indexes erhöht sich durch diese Erweiterung sehr stark – gut ablesbar am Inhalt des Feldes FULLKEYCARD in der Katalogtabelle SYSIBM.SYSINDEXES. Gleichzeitig reduziert sich der interne Aufwand bei allen INSERT- und DELETE-Befehlen. Um noch mehr Optimierungspotential zu nutzen, ist zu prüfen, ob der Index nach seinem Redesign sogar eindeutig ist. In diesem Fall sollte die Klausel UNIQUE beim CREATE INDEX angegeben werden.

2.4   Zu lange Batchlaufzeiten

Im Batchbereich lassen sich die häufigsten Problemursachen wie folgt charakterisieren:

- Umfangreiches Geschäft,
- zu viele synchrone IOs,
- Verarbeitungslogik,
- viele Indizes auf einer Tabelle.

2.4.1   Umfangreiches Geschäft

Wie bereits erwähnt, kann umfangreiches Geschäft Ursache für lange Laufzeiten sein. An dieser Ursache setzen Performance-überlegungen vergeblich an, es sei denn, man wollte sich selbst die Geschäftsgrundlage entziehen. Jedoch kann man daran arbeiten, wie das umfangreiche Geschäft effizienter verarbeitet wird.

2.4.2   Zu viele synchrone IOs

Bei einer Online-Verarbeitung wird man üblicherweise eine hohe relative Anzahl von synchronen IOs gegenüber den asynchronen IOs besitzen. Dies ist jedoch normalerweise nicht tragisch, da die absolute Anzahl der IOs begrenzt ist. Anders stellt sich dies in einer umfangreichen Batch-Verarbeitung dar. Wird hier das gleiche Verhältnis zwischen synchronen und asynchronen IOs wie in einer Online-Verarbeitung beibehalten, so werden die Laufzeiten häufig zu hoch sein. Oberstes Ziel bei einer Batch-Verarbeitung ist es also, einen höheren Anteil von asynchronen IOs als bei einer Online-Verarbeitung zu konstruieren.

Prefetch ausnutzen

Technisch bedeutet das, in hohem Umfang die Eigenschaften des Sequential- und des List-Prefetch zu nutzen, die bei einer Online-Verarbeitung häufig sogar schädlich sind. Durch den Sequential- beziehungsweise List-Prefetch werden in der Online-Verarbeitung zu viele Rows intern verarbeitet, die dann von der Applikation in der aktuellen Verarbeitungseinheit gar nicht benötigt werden. Bei einer Online-Verarbeitung gilt es also, die absolute Anzahl der IOs zu reduzieren, beispielsweise durch die Klausel `OPTIMIZE FOR 1 ROW`, mit der lediglich der Prefetch ausgeschaltet wird, die Fundmenge jedoch nicht beeinflußt wird.

Clustering Index sorgfältig auswählen

Mit welchen Mitteln schafft man es nun, den Anteil der asynchronen IOs zu erhöhen? Das fast immer wirksame Allheilmittel ist die Nutzung des Clustering Index. Damit kommen wir wieder zum globalen physischen Datenbankdesign. Erst nachdem bekannt ist, mit welchen Zugriffen auf eine Tabelle zu rechnen ist, und nachdem die Häufigkeit und Wichtigkeit der Zugriffe bewertet worden ist, kann man sinnvollerweise an das Indexdesign herangehen. Der häufigste oder wichtigste oder zeitkritischste Zugriff ist durch den Clustering Index zu unterstützen. Die Bewertung des Zugriffs ist eminent wichtig, da ja nur ein Clustering Index zur Verfügung steht. Merke: Der Clustering Index ist ein Performanceindex.

Durch die Nutzung dieses Indexes kann die Anzahl der tatsächlich durchgeführten IOs zur Bereitstellung der Daten um Größenordnungen reduziert werden. Zeigen wir dies an einem zugegebenermaßen vereinfachten Beispiel. Gegeben sei eine Tabelle mit 10 Millionen Zeilen, Satzlänge 200 Bytes. Zur synchronen Verarbeitung dieser Tabelle würde man bei Annahme von 50 Millisekunden für einen synchronen IO (inclusive der Indexzugriffe) mit ca. 140 Stunden IO-Zeit zu rechnen haben, während man bei einer asynchronen Verarbeitung mit Sequential Prefetch, bei der circa 2 Millisekunden anzusetzen sind, mit weniger als 6 Stunden auskommen würde.

Um diesen Index in erläuterter Weise nutzen zu können, ist es häufig erforderlich, die Verarbeitungslogik anders als bei der Online-Verarbeitung zu gestalten.

2.4.3   Verarbeitungslogik

Für die Anwendungsentwicklung ist es sicherlich wirtschaftlich, Funktionen, die sowohl online als auch asynchron ablaufen sollen, nur einmal zu designen und dann wiederzuverwenden. Für asynchrone Funktionen, deren Ausführungsfrequenz relativ niedrig liegt, ist diese Vorgehensweise auch legitim.

Vorsicht bei Verwendung von Online-Funktionen im Batch

Im Gegensatz dazu erfordern Funktionen mit hoher Komplexität und gleichzeitig hoher Ausführungsfrequenz eigenständige Designüberlegungen. Beispiele hierfür sind monatliche Rechnungsschreibungen oder in der KFZ-Versicherung die jährlichen Typklassenumstellungen. In diesen Fällen kann man die Batchverarbeitung nicht mehr wie ein Terminsystem begreifen, indem man gewissermaßen eine Verarbeitungsschleife um die Onlinefunktion legt. Mit diesem Design wird man kaum IO-Reduzierungen durch zum Beispiel Sequential Prefetch entlang des Clustering Index realisieren können. Für solche Verarbeitungen gibt es mehrere denkbare Lösungsansätze.

Eingabedaten sortieren

Eine erste mögliche Maßnahme, eine asynchrone Verarbeitung zu nutzen, ist das vorherige Sortieren der auslösenden Eingabedaten. Sie sollten so sortiert werden, daß ihre Sequenz der Sortierreihenfolge der Hauptverarbeitungstabelle entspricht. Dadurch erzielt man auf dieser Tabelle die Nutzung des Clustering Index ohne physische Sortierung der Ergebnisdaten.

Ladeverfahren einsetzen

Ein weiterer Ansatz besteht im Einsatz von LOAD-Utilities. Hierbei gibt es eine Vielzahl von Kombinationsmöglichkeiten.

Die einfachste Methode führt die UPDATE- und DELETE-Operationen noch direkt auf der Tabelle aus, während die INSERT-Befehle auf eine sequentielle Datei geschrieben werden. Soweit kein eindeutiger Schlüssel vorhanden ist, können diese Daten ohne Schwierigkeiten mit dem LOAD-Utility mit der Option RESUME hinzugeladen werden. Bei der Forderung nach Eindeutigkeit muß auf der Tabelle vor dem Schreiben der sequentiellen Datei mit dem Schlüssel gelesen werden. Die Entlastung von den INSERT-Operationen macht sich besonders bei mehreren Indizes bemerkbar.

REORG nach LOAD RESUME

Beim Hinzuladen von Daten durch das LOAD-Utility mit der Option RESUME werden die geladenen Zeilen hinten in der Tabelle angefügt, während der Index korrekt gepflegt wird. Damit können die Zeilen weit von ihrer Home-Page, d. h. derjenigen Page, in die sie gemäß Clustering Index hineingehören, entfernt sein. Daher empfiehlt sich ein anschließender REORG des Tablespaces.

SQL-Statements auf sequentielle Dateien umleiten

Eine weitere Verfahrensweise leitet im Prinzip alle Befehle auf die sequentielle Datei um. Die einzufügenden Sätze werden geschrieben, die zu verändernden Sätze ebenso, die zu löschenden Sätze werden ignoriert. Parallel zu dieser Verarbeitung wird die Tabelle entladen und mit der sequentiellen Datei sortiert. Dabei werden die Optionen SORT FIELDS=(....),EQUALS sowie SUM FIELDS=NONE genutzt, um doppelte Einträge, nämlich die Updates, auf den ersten vom Sort gelesenen Satz zu reduzieren. Steht die sequentielle Datei in der Dateiverkettung der SORTIN-DD-Anweisung an erster Stelle, werden genau aus dieser die doppelten Sätze genommen. Die SORTOUT-Datei kann dann ohne Probleme als Ladebestand verwendet werden.

Ladeverfahren auf eine Partition einschränken

Besonders wirtschaftlich ist dieses Verfahren, wenn die zu verändernde Tabelle partitioniert ist – wir unterstellen einmal, daß dies ab einer gewissen Größe der Fall ist – und die Batch-Anwendung genau eine Partition verändert. Dies ist häufig dann der Fall, wenn die Tabellen über einen zeitbezogenen Schlüssel geclustered sind und die Verarbeitung zeitbezogen ist. Dann besteht die Möglichkeit, daß nur die im jeweiligen Lauf betroffene Partition entladen, sortiert, geladen und gesichert wird. So elegant sich dieses Verfahren auf den ersten Blick darstellt, in einer Produktionsumgebung stellt sich die Schwierigkeit ein, die Richtigkeit der Kontrollstatements besonders für den UNLOAD- und LOAD-Step maschinell sicherzustellen. Hier hat sich bewährt, daß der verarbeitende Job selbst diese Statements auf eine Datei oder Bibliothek schreibt, denn er weiß am besten, welche Daten gerade verarbeitet werden. Durch dieses Verfahren ist kein manueller Eingriff mehr in die Jobabläufe erforderlich.

2.4.4   Viele Indizes

Eine weitere Hauptursache für lange Batchlaufzeiten ist eine hohe Anzahl von Indizes auf Tabellen, die verändert werden sollen. „Hoch" bedeutet bei operativen Tabellen, d. h. auf Tabellen, auf denen INSERT-, UPDATE- oder DELETE-Operationen ausgeführt werden, in der Regel drei oder mehr Indizes. Dies läßt sich aus dem Katalog mit folgendem Query leicht ermitteln:

```
SELECT
        C.NAME
        C.CREATOR
       ,C.DBNAME
       ,C.TSNAME
       ,COUNT(*)
FROM    SYSIBM.SYSTABLES  C
       ,SYSIBM.SYSINDEXES I
WHERE   C.TYPE       = 'T'
AND     I.TBNAME = C.NAME
AND     I.TBCREATOR = C.CREATOR
GROUP BY
        C.NAME
       ,C.CREATOR
       ,C.DBNAME
       ,C.TSNAME
HAVING COUNT(*) > 3
```

Dadurch, daß sehr viele Veränderungen auf den Tabellen durchgeführt werden müssen, ergibt sich eine noch höhere Anzahl von Indexupdates. Das Problem wird noch durch Indizes mit geringer Selektivität verschärft. Die Selektivität läßt sich aus dem DB2-Katalog an der Eintragung FULLKEYCARD in der Tabelle SYSIBM.SYSINDEXES ablesen. Ist dieser Wert in Relation zur Anzahl

Zeilen in der Tabelle klein, so hat man es mit einem wenig selektiven Index zu tun. Wenig selektive Indizes besitzen lange RID-Ketten. In Abschnitt 2.3 wurde bereits erläutert, wie aufwendig die Verwaltung eines solchen Indexes ist und wieviel Overhead sich damit verbindet.

Durch das Anfügen weiterer Spalten der Tabelle oder einer neu definierten TIMESTAMP-Spalte kann dieses Problem entschärft werden. Auch in dieser Situation ist die Frage zu stellen, ob das Indexdesign korrekt durchgeführt wurde. Korrekt bedeutet hier, daß eine minimale Anzahl von Indizes vorhanden ist, um die SQL-Requests angemessen durchführen zu können.

redundante Indizes vermeiden

Zunächst sollte hier überprüft werden, ob es keine mehr oder weniger redundanten Indizes gibt, also solche, die in ihren ersten Spalten übereinstimmen und nur in den hinteren Spalten unterschiedlich sind. Meist wurden sie angelegt, um SQL-Requests ohne Sortierung zu unterstützen. An dieser Stelle ist zu überlegen, ob man Sortierungen in Kauf nehmen kann, sobald einer der quasi-redundanten Indizes gedropped wurde. Sind die zu sortierenden Fundmengen klein, so kann diese Frage meist mit „ja" beantwortet werden.

Eine im Ablauf etwas kompliziertere Lösung ist das temporäre Droppen von Indizes. Zunächst ist aus dem DB2-Katalog herauszufinden, welche Indizes das Batchprogramm benutzt. Dies läßt sich anhand der Katalogtabelle SYSIBM.SYSPACKDEP leicht ermitteln. Daraufhin sind alle Programme, also Packages zu ermitteln, die auf die anderen Indizes der zu verändernden Tabelle verweisen, die viele Indizes besitzt. Dies ist ebenso über die oben genannte Katalogtabelle ermittelbar. Auf dieser Basis sind REBIND-Steueranweisungen für die betroffenen Packages zu generieren. Nach diesem Schritt können die für diese Verarbeitung nicht benötigten Indizes gedropped werden und im nächsten Schritt wieder created werden, allerdings mit der Option DEFER (ab DB2 Version 3.1). Damit wird lediglich der Katalogeintrag des Indexes erzeugt, jedoch nicht der Index selbst. Dies geschieht erst mit dem nächsten LOAD- oder REORG-Utility. Mit den jetzt vorhandenen, für die Verarbeitung erforderlichen Indizes wird das Batchprogramm gefahren. Nach Beendigung wird das RECOVER INDEX-Utility ausgeführt, damit die Indexeinträge aufgebaut werden können.

Dieses Verfahren eignet sich aufgrund seiner Komplexität allerdings nur für schwierige Fälle, die anders nicht sinnvoll lösbar sind. Es erfordert in jedem Fall ein sehr gut ausgetestetes vollständiges Batchverfahren. Sobald dies jedoch vorliegt, kann es unter Produktionsbedingungen automatisiert eingesetzt werden.

Durch die für Version 4 angekündigten Type2-Indizes bestehen Aussichten, daß die Indexproblematik einiges von ihrem Schrekken verliert, da bei diesem Indextyp andere Sperrmechanismen greifen. Warten wir die Ergebnisse ab.

2.5   Zusammenfassung

In diesem Kapitel wurden die wesentlichen Symptome von Performanceproblemen, ihre technischen Ursachen und dazu jeweils passende Lösungsansätze diskutiert.

Locking-Probleme

Ursachen:
Lange Commit-Strecken
Ausführung teurer Operationen
Hot-Spots

Maßnahmen:
Setzen von Commit-Punkten
Checkpoint-Tabelle
Reduzierung INSERT/DELETE
hoher PCTFREE
häufiger REORG
Einsatz von Ladeverfahren
Reduzierung der Indexanzahl
Streuung von Schlüsseln
Preload von Tabellen

Queueing-Probleme

Ursachen:
Gleichartige Verarbeitung
Hot-Spots

Maßnahmen:
Streuung von Schlüsseln
Preload von Tabellen
siehe auch Locking-Probleme

„Lieferzeiten statt Antwortzeiten" im Online-Betrieb

Ursachen:
Zu viele IOs
Sortierung großer Fundmengen
Aufwendige Queries
Große Indizes
Geringe Selektivität bei Indizes

Maßnahmen:
OPTIMIZE FOR einsetzen
Einsatz Clustering Index
alle Bedingungen qualifizieren
keine selbstprogrammierten Joins
Überprüfung RUNSTATS
Tabellenredundanzen
Prelodad von Tabellen
einfache Queryformulierungen
Reduzierung INDEXLEVEL
keine quasi-redundanten Indizes
Erhöhung der Index-Selektivität

Zu lange Batchlaufzeiten

Ursachen:
Umfangreiches Geschäft
Zu viele synchrone IO's
Verarbeitungslogik
Viele Indizes

Maßnahmen:
Nutzung des Clustering-Index
sorgfältiges Batchdesign
kombinierte Ladeverfahren
keine quasi-redundanten Indizes
Index-Dropping vor Batchlauf

3 Organisatorische Maßnahmen in der Softwareentwicklung

Im vorigen Kapitel wurden die wichtigsten Symptome und Ursachen für Performanceprobleme sowie dafür geeignete Lösungsmöglichkeiten aus technischer Sicht eingehend behandelt.

In der täglichen Praxis zeigt sich allerdings, daß dieselben Fehler im nächsten Projekt wieder gemacht werden, wenn es nicht gelingt, den Softwareentwicklungsprozeß so zu gestalten, daß Performance in die Anwendungssysteme „hineinkonstruiert" wird. Im folgenden sollen organisatorische Maßnahmen aufgezeigt werden, durch deren Einsatz die Häufigkeit von Performanceproblemen deutlich reduziert werden kann.

In diesem Kapitel werden folgende Themen eingehend diskutiert:

- Anwendungsszenario und Zugriffsprofil,
- Design kritischer Batchabläufe,
- Zugriffsmodule,
- Reduzierung von Datenzugriffen,
- Überlegungen zur Anwendungsarchitektur,
- Standards für die Softwareentwicklung.

3.1 Anwendungsszenario und Zugriffsprofil

Zum Reduzieren der Projekt-Risiken, die erst in der Endphase sichtbar werden, ist es immer sinnvoll, Prüfungen bestimmter Aktivitäten so früh wie möglich durchzuführen. Dies ist eine allgemeine Verhaltensmaßregel, die grundsätzlich zutrifft, aber leider zu selten befolgt wird.

Konkretisieren wir sie für unsere Zwecke.

Wir können davon ausgehen, daß Projekte ab einer bestimmten Größenordnung mit Hilfe eines Vorgehensmodells abgewickelt werden. Die zentrale Aufgabe eines Vorgehensmodells besteht darin, den Softwareentwicklungsprozeß zu standardisieren.

Woraus besteht nun ein Vorgehensmodell? Die markantesten Begriffe sind Phase, Aktivität, Ergebnis. Die Phasen mit ihren dazugehörigen Aktivitäten werden geplant, die darin erarbeiteten Ergebnisse werden qualitätsgesichert. Die Grundannahme der gängigen Vorgehensmodelle besteht darin, daß der Entwicklungsprozeß in schrittweiser Verfeinerung – Top-Down – vonstatten geht. Aus globalen Beschreibungen werden immer detailliertere Ergebnisse in den festgelegten Aktivitäten erarbeitet. Üblicherweise werden zum Ende einer Phase Qualitätssicherungsmaßnahmen für die erzielten Ergebnisse aufgesetzt.

Dennoch treten Performanceprobleme auf. Erfahrungsgemäß liegt das daran, daß die Qualitätssicherung sich stärker auf formale und fachliche Aspekte der Dokumentation konzentriert als auf technische Belange. Mit anderen Worten: Die normalerweise durchgeführten Qualitätssicherungsmaßnahmen sind und bleiben sinnvoll und notwendig, sie müssen aber um weitere Prüfungen ergänzt werden, die das technische Umfeld betreffen. Wo also müssen Maßnahmen getroffen werden, um die Wahrscheinlichkeit späterer Performanceprobleme zu reduzieren?

Mengengerüste frühzeitig sammeln

Ein bereits genannter Aspekt – er kann nicht oft genug wiederholt werden – im Zusammenhang mit Vorgehensmodellen ist die erwiesene Tatsache, daß eine Änderung beziehungsweise Korrektur um so billiger ist, je früher sie vorgenommen wird. Das bedeutet für unsere Zwecke, in jeder Phase eines Projekts so viel Information zur Performance wie möglich zusammenzutragen, mit geeigneten Stellen im Hause zu diskutieren und gegebenenfalls erste Maßnahmen zu planen beziehungsweise durchzuführen. Diese können unterschiedlichster Art sein. Sowohl die Überarbeitung der gerade erstellten Ergebnisse als auch frühzeitige Hardwarebestellungen sind hier denkbar.

Mit diesem Ansatz ist der Gedanke verbunden, daß prinzipiell bereits in den Phasen, in denen noch nicht realisiert wird, Aktivitäten stattfinden müssen, die Aussagen zu Performanceaspekten treffen.

3.1.1   Anwendungsszenario

In den Phasen, in denen der fachliche Grobentwurf und der fachliche Feinentwurf erarbeitet werden, sind Informationen über die zu erwartende Last basierend auf fachlichen Maßeinheiten wie beispielsweise Geschäftsvorfälle oder Vorgänge zusammenzutragen. In den meisten Fällen wird nämlich von den Methodikern, die nie selbst Projektarbeit betrieben haben, die aber das Vorgehensmodell festlegen, die Meinung vertreten, daß in einer Phase, in der das zukünftige System fachlich beschrieben werden soll, solche Dinge nichts zu suchen haben. Fälschlicherweise geht man davon aus, daß der fachliche Entwurf lediglich aus dem Daten-, dem Funktions- und dem Prozeßmodell besteht. Eine weitere Dimension des fachlichen Entwurfs ist jedoch das Mengengerüst, das mit dem entworfenen Anwendungssystem verarbeitet werden soll. Hier setzt also die erste Maßnahme ein, Performanceaspekte bereits im Fachentwurf zu verdeutlichen. Für ein Dialogsystem bedeutet dies, daß die Mengen pro abzuwickelndem Geschäftsvorfall beziehungsweise Vorgang zusammenzutragen sind. Im folgenden wird das daraus erzielte Ergebnis als Anwendungsszenario bezeichnet. In einer Reihe von Anwendungssystemen, bei denen das Anwendungsszenario nachträglich zusammengestellt wurde, ergaben sich erstaunliche Ergebnisse. Die Mengen, die durch das System auf einem gegebenen Umfeld hätten verarbeitet werden sollen, waren zu hoch, als daß sie noch auf die vorhandene Maschine gepaßt hätten. Durch das Vorliegen dieser Information zu diesem Zeitpunkt hätten bereits in dieser Projektphase Maßnahmen geplant beziehungsweise eingeleitet werden können.

Ein Muster für ein Anwendungsszenario ist in Abschnitt 6.3 zu finden.

In den Projektphasen, in denen der DV-Entwurf und die Realisierung stattfinden, werden selbstverständlich auch Aktivitäten durchgeführt, in denen weitere, nämlich detailliertere Aussagen zur Performance zusammengetragen werden. Diese Informationen werden im folgenden unter dem Begriff Zugriffsprofil subsumiert.

3.1.2 Zugriffsprofil

Zugriffspfade
bei Joins

Die Kernaussage des Zugriffsprofils besteht darin, daß der Entwickler seine Vorstellung beschreiben muß, wie das Datenbanksystem bei jeweils gegebenem physischen Datenbankdesign auf die Daten zugreifen soll. Bei einem Zugriff auf nur eine Tabelle ist dies beinahe trivial, denn die Anzahl der zu lesenden Pages läßt sich von der Art der Indexunterstützung größenordnungsmäßig ableiten. Ein solcher Zugriff ist jedoch in kommerziellen Systemen nicht der Normalfall. Üblicherweise wird mit SQL-Joins auf die benötigten Daten zugegriffen. Dabei können bereits erhebliche Probleme auftreten, wenn die Verknüpfung der Tabellen entweder nicht durch Indizes unterstützt wird oder zu große Fundmengen bei der ersten Tabelle auftreten. In diesen Fällen ist eine hohe Anzahl von synchronen IOs, d. h auch eine hohe Verarbeitungszeit zu erwarten. Werden die geplanten Zugriffspfade in der Phase des DV-Entwurfs bereits in dieser Form dokumentiert – und damit auch transparent – sind bei Bedarf noch mit relativ geringem Aufwand Designänderungen möglich.

Der weitere Vorteil besteht darin, daß man mit dem Zugriffsprofil die „Meßlatte" für das später realisierte Anwendungssystem definiert hat. Dieser Aspekt soll hier etwas näher erläutert werden. Oftmals treten nach Einführung eines Anwendungssystems Meinungsverschiedenheiten zwischen Lieferant und Abnehmer über die Qualität des Systems in Bezug auf seine Antwortzeiten auf. Kritisiert werden die sogenannten „Lieferzeiten" bei etwas umfangreicheren Transaktionen. Mit Hilfe des Zugriffsprofils schafft man sich zu einem sehr frühen Zeitpunkt im Entwicklungsprozeß die Möglichkeit, mit dem zukünftigen Anwender die Auswirkungen aus einer umfangreichen Fachlichkeit zu diskutieren und festzuhalten. Es kann durchaus sinnvoll sein, daß eine fachlich mächtige, damit aber auch technisch aufwendige Transaktion gestaltet wird, um einen hohen betriebswirtschaftlichen Nutzen zu erzielen. Dabei darf man jedoch nicht die Illusion haben, daß eine solche Transaktion genauso geringe Antwortzeiten hat wie eine andere, die deutlich weniger aufwendig ist. Unter Zuhilfenahme des Zugriffsprofils reduziert man also die Gefahr von unrealistischen Erwartungen der Anwender.

3.2   Design kritischer Batchabläufe

Um Aufwand und Zeit in Projekten einzusparen, versuchen manche Projektverantwortliche trotz des Wissens, daß in den zu erstellenden Batchabläufen eine umfangreiche Verarbeitung stattfinden sollte, sich ein eigenständiges Design dieser Batchabläufe zu ersparen. Statt eines eigenständigen Designs, abgestimmt auf die Verarbeitung und Tabellenstruktur – wir kommen später zu Einzelheiten – wird versucht, gleichartige Online-Verarbeitungen wiederzuverwenden, indem lediglich eine Schleifensteuerung um die Kernverarbeitung aus dem Dialog gelegt wird. Anfangs erscheint diese Überlegung als positiv für das Projekt, denn es brauchen ja kaum separate Aufwände für den Batch-Teil geplant zu werden. Insbesondere entfallen vermeintlich die Aufwände für den Test. Im nachhinein stellt sich jedoch heraus, daß diese Rechnung eine Milchmädchenrechnung ist. Die Batchlaufzeiten werden exorbitant hoch, so daß diese Jobs nicht nur zu viele Ressourcen verbrauchen, sondern schlichtweg nicht mehr lauffähig sind, da sie zum Überfluß auch noch andere Applikationen behindern.

Hierzu ein Beispiel. Ausgangspunkt sei eine Dialogverarbeitung, die fünf Cursor öffnet, ausliest und wieder schließt. Jeder dieser Cursor hat eine so kleine Fundmenge, die überdies durch einen Clustering Index unterstützt wird, so daß die Daten jedes Cursors in einer Page zu finden sind. Die Tabellen und damit die Indizes sind jeweils so groß, daß sich die Index-Leaf-Pages und die Tablespace-Pages normalerweise nicht im Bufferpool befinden. Bei einem normalen Systemverhalten und der richtigen Einstellung des Bufferpools kann man davon ausgehen, daß sich die Root-Page und die Intermediate Pages jedes Indexes im Bufferpool befinden. Dementsprechend sind für die Datenbereitstellung fünf synchrone Zugriffe auf die Index-Leaf-Pages und fünf synchrone Zugriffe auf die Datenpages erforderlich. Zehn synchrone Zugriffe zu je 25 Millisekunden ergeben also 0,250 Sekunden. Dies ist für eine Online-Applikation ein vertretbarer, wenn nicht sogar, gemessen an der Verarbeitung, ein guter Wert.

Es läßt sich sehr einfach zeigen, daß für eine Batchverarbeitung, die nicht einen, sondern viele Ordnungsbegriffe nach dieser Logik verarbeitet, sehr hohe Laufzeiten entstehen können:

Anzahl der Ausführungen	IO-Zeit pro Ausführung	Gesamtzeit in Sekunden	Gesamtzeit in Stunden
100	0,250	25	0,007
1.000	0,250	250	0,069
10.000	0,250	2.500	0,694
100.000	0,250	25.000	6,944
1.000.000	0,250	250.000	69,444
10.000.000	0,250	2.500.000	694,444

An diesem Beispiel ist ersichtlich, daß sich mit einer Batchverarbeitung, die sich wie eine Online-Anwendung verhält, 100.000 Ordnungsbegriffe nur noch bedingt, mehr Ordnungsbegriffe jedoch nicht mehr sinnvoll verarbeiten lassen. Diese Erfahrungen mußten auch Projekte machen, die wie oben beschrieben vorgingen – allerdings erst kurz vor ihrer Einführung. Eine einfache Abschätzung der Laufzeiten hätte dieses Ergebnis wesentlich früher transparent gemacht, dazu waren die Planer aber nicht bereit oder nicht in der Lage. Die erhoffte Aufwands-Einsparung mußte nun in viel kürzerer Zeit erbracht werden; darüberhinaus wurde die Einführung der Batchkomponenten aufwendiger, als sie es bei normaler Planung gewesen wäre. Was ist also zu tun?

3.2.1 Nutzung von Prefetch

Bei umfangreichen Batchfunktionen ist es besonders sinnvoll, bei der Verarbeitung die Prefetch-Eigenschaft zu nutzen. Während sie in den meisten Fällen bei der Online-Verarbeitung störend ist – durch sie werden vom DB2 zu viele Daten intern besorgt, was zu erhöhten IO- und CPU-Zeiten führt – ist dies beim Batch wünschenswert. Dadurch, daß in einer solchen Verarbeitung ein nennenswerter Teil der Tabellen verarbeitet werden soll, egal ob es sich nun um eine reine Lese-Funktionalität beispielsweise für Statistiken oder um eine Update-Funktionalität handelt, ist es günstig, wenn die Datenbereitstellung in einem asynchronen Prozeß durchgeführt wird.

Dazu ein Beispiel. Gegeben sei eine Verarbeitung, die in einer Unit-Of-Work Daten zu einem Ordnungsbegriff aus drei Tabellen lesen soll. `Tabelle1` besitzt 3 Millionen Zeilen zu je 300 Bytes, also 13 Zeilen pro Datenpage, `Tabelle2` enthält 5 Millionen Zeilen zu je 200 Bytes , also 20 Zeilen pro Page, und `Tabelle3` besteht aus 15 Millionen Zeilen zu je 100 Bytes, also 40 Zeilen pro Page. Auf `Tabelle1` wird in einer Verarbeitungseinheit ein Einzel-SELECT abgesetzt, auf `Tabelle2` ein Cursor mit einer Fundmenge von durchschnittlich zwei Zeilen, die sich normalerweise in einer Page befinden, und auf `Tabelle3` wird ebenfalls ein Cursor mit einer durchschnittlichen Fundmenge von 5 Zeilen verarbeitet. Dadurch kann die vereinfachende Annahme gemacht werden, daß sowohl Einzel-SELECT als auch Cursor pro Ausführung circa 50 Millisekunden benötigen; nämlich 25 Millisekunden für die Bereitstellung der Index-Leaf-Page und 25 Millisekunden für die Tablespace-Page. Beide Pages befinden sich bei dieser Tabellengröße gewöhnlich nicht im Bufferpool. Damit wird bei einer Einzel-Verarbeitung, wie sie im Online-Betrieb gegeben wäre, eine durchschnittliche IO-Zeit von 150 Millisekunden pro Unit-Of-Work benötigt. Müssen in einer Batch-Verarbeitung 500.000 Units-Of-Work durchgeführt werden, so führt dies zu einer IO-Zeit von ca. 21 Stunden. Diese Größenordnung ist außer bei einer einmaligen Datenmigration absolut nicht akzeptabel.

Nutzung des Prefetch

Wird dagegen die Verarbeitungssteuerung so geändert, daß die drei Tabellen mit einem Cursor, der über den Clustering Index zugreift und Sequential Prefetch nutzt, sequentiell durchgelesen werden, so kommt man zu völlig anderen IO-Zeiten. Man kann leicht nachrechnen, daß die Bereitstellung einer Page bei Nutzung von Sequential Prefetch durchschnittlich 2 Millisekunden erfordert. Dementsprechend werden aus `Tabelle1` circa 230.000, aus `Tabelle2` circa 250.000 und aus `Tabelle3` circa 375.000 Pages durchgearbeitet. Für die vollständige Verarbeitung der insgesamt 855.000 Pages, für die jeweils 2 Millisekunden IO-Zeit anzusetzen sind, werden also 1.710 Sekunden IO-Zeit benötigt. Dies ist weniger als eine halbe Stunde gegenüber dem Wert von 21 Stunden.

Zur besseren Transparenz soll dieses Beispiel in vereinfachter SQL-Notation aufgezeigt werden.

Variante1: Einzelverarbeitung ohne Prefetch

```
DECLARE Cursor-Tabelle2 CURSOR FOR
  SELECT ...
  FROM  Tabelle2 T2
  WHERE T2.Schlüsselfeld = :Wert-aus-Steuerdatei
  ORDER BY T2.Schlüsselfeld. ...

DECLARE Cursor-Tabelle3 CURSOR FOR
  SELECT ...
  FROM Tabelle3 T3
```

```
    WHERE T3.Schlüsselfeld = :Wert-aus-Steuerdatei
    ORDER BY T2.Schlüsselfeld, ...

 Lesen Steuerdatei
 PERFORM Schleife UNTIL Ende-Steuerdatei

    SELECT ...
    FROM Tabelle1 T1
    WHERE T1.Schlüsselfeld = :Wert-aus-Steuerdatei

    OPEN Cursor-Tabelle2
    FETCH Cursor-Tabelle2
    PERFORM Schleife-T2 UNTIL SQLCODE = 100
        Verarbeiten Tabelle2
        FETCH Cursor-Tabelle2
    END-PERFORM
    CLOSE Cursor-Tabelle2

    OPEN Cursor-Tabelle3
    FETCH Cursor-Tabelle3
    PERFORM Schleife-T3 UNTIL SQLCODE = 100
        Verarbeiten Tabelle3
        FETCH Cursor-Tabelle3
    END-PERFORM
    CLOSE Cursor-Tabelle3

 Lesen Steuerdatei

END-PERFORM
```

Variante2: Sequentielle Verarbeitung mit Prefetch

```
 DECLARE Cursor-Tabelle1 CURSOR FOR
  SELECT ...
  FROM Tabelle1 T1
  ORDER BY T1.Schlüsselfeld

 DECLARE Cursor-Tabelle2 CURSOR FOR

  SELECT ...
  FROM Tabelle2 T2
  ORDER BY T2.Schlüsselfeld, ...
```

```
DECLARE Cursor-Tabelle3 CURSOR FOR
 SELECT ...
 FROM Tabelle3 T3
 ORDER BY T3.Schlüsselfeld, ...

OPEN Cursor-Tabelle1
OPEN Cursor-Tabelle2
OPEN Cursor-Tabelle3

FETCH Cursor-Tabelle1
FETCH Cursor-Tabelle2
FETCH Cursor-Tabelle2

Lesen Steuerdatei

PERFORM Schleife UNTIL Ende-Steuerdatei

  PERFORM Schleife-T2 UNTIL
        Wechsel-Wert-aus-Steuerdatei
         OR SQLCODE = 100
    IF T2.Schlüsselfeld = Wert-aus-Steuerdatei
       Verarbeiten Tabelle2
    END-IF
    FETCH Cursor-Tabelle2
  END-PERFORM
  PERFORM Schleife-T3 UNTIL
        Wechsel-Wert-aus-Steuerdatei
         OR SQLCODE = 100
    IF T3.Schlüsselfeld = Wert-aus-Steuerdatei
       Verarbeiten Tabelle3
    END-IF
    FETCH Cursor-Tabelle3
  END-PERFORM

  FETCH Cursor-Tabelle1
  Lesen Steuerdatei

END-PERFORM

CLOSE Cursor-Tabelle1
CLOSE Cursor-Tabelle2
CLOSE Cursor-Tabelle3
```

In Variante 2 ist zu beachten, daß in den drei Cursorn keine einschränkende WHERE-Bedingung formuliert ist, sondern die Tabellen vollständig durchgelesen werden. Die Filterung, ob eine gelesene Zeile zu verarbeiten ist, findet in diesem Fall ausnahmsweise programmseitig statt.

Desweiteren werden die Cursor nur einmal geöffnet und geschlossen. Sollten zur Steigerung von konkurrierenden Zugriffen kürzere COMMIT-Punkte als die Laufzeit des Programms erforderlich sein, bieten sich zwei Möglichkeiten an.

Die erste Möglichkeit besteht darin, daß alle Cursor mit der Klausel WITH HOLD formuliert werden. Dadurch bleiben sie auch bei einem COMMIT-Befehl positioniert, und es kann ohne weitere Maßnahmen weitergelesen werden. Diese Klausel kann allerdings zu einem geringen Systemoverhead führen.

Bei der zweiten Möglichkeit muß sowohl etwas an der Cursordefinition als auch an der Programmlogik getan werden. Die Cursor erhalten eine Aufsetzbedingung nach folgendem Muster:

```
SELECT ...
FROM    Tabelle1 T1
WHERE
        T1.Schlüsselfeld > :Aufsetzschlüssel
ORDER BY
        T1.Schlüsselfeld, ...
```

COMMIT regelmäßig durchführen

Im Programm wird zu bestimmten Zeitpunkten wie bei der ersten Möglichkeit ein COMMIT-Befehl abgesetzt. Gleichzeitig merkt man sich den aktuellen Ordnungsbegriff, der vollständig vor dem COMMIT-Befehl verarbeitet wurde. Nach dem COMMIT-Befehl werden alle Cursor wieder geöffnet, und es kann in der bisherigen Weise weiterverarbeitet werden.

Welche von beiden Möglichkeiten man wählt, ist mehr oder weniger Geschmackssache. Wichtig ist nur, daß eine dieser Möglichkeiten durchgängig benutzt wird. Dazu ist es sinnvoll, Musterlösungen für die Anwendungsentwicklung als Standard bereitzustellen. Dies geschieht am besten von der DBA-Gruppe in Zusammenarbeit mit der Gruppe, die für Methoden und Tools zuständig ist.

Eine weitere Möglichkeit, hohe Laufzeiten von Batch-Programmen drastisch zu reduzieren, ist der Einsatz von Lade-Utilities. Diese sollen im folgenden erläutert werden.

3.2.2   Ladeverfahren

Bei den Ladeverfahren unterscheiden wir entsprechend den Möglichkeiten des DB2-LOAD-Utilities zwei grundsätzliche Möglichkeiten:

- Verfahren mit Ersetzen,

- Verfahren mit Nachladen.

LOAD REPLACE

Betrachten wir zunächst das Verfahren mit Ersetzen. In diesem Verfahren wird das folgende Kontrollstatement des Load-Utilities benutzt:

```
LOAD DATA
    ...
    REPLACE
    LOG NO
    INTO TABLE table
```

Bei partitioned Tablespaces besteht darüberhinaus die Möglichkeit, selektiv in eine Partition hineinzuladen:

```
LOAD DATA
    ...
    LOG NO
    INTO TABLE table
    PART n REPLACE
```

SQL-Statements werden ersetzt

Gegenüber einem reinen SQL-Verfahren, bei dem alle INSERT-, UPDATE- und DELETE-Statements mit SQL direkt ausgeführt werden, muß bei einem Ladeverfahren das Batchprogramm an diesen Statements folgendermaßen modifiziert werden.

Alle INSERT-Statements werden durch einen WRITE-Befehl ersetzt, der auf eine sequentielle Datei wirkt. Zur Laufzeitoptimierung des Batchprogramms sollte für diese Datei ein hoher Blockungsfaktor eingestellt werden, damit die Anzahl der physischen IOs reduziert wird. Hintergrund für diese Maßnahme ist, daß die physischen IOs proportional von der Blockgröße und der Bufferanzahl abhängig sind.

Soweit UPDATE-Statements im Batchprogramm vorhanden sind, werden sie wie die INSERT-Statements auf die sequentielle Datei mit dem gleichen WRITE-Befehl umgeleitet.

Für die Behandlung der DELETE-Statements gibt es bei dem Replace-Verfahren zwei prinzipielle Möglichkeiten:

Die eine Wahl besteht darin, das DELETE-Statement unverändert gegenüber dem reinen SQL-Verfahren beizubehalten. Dies ist gemessen an der Verfahrensänderung die simpelste Lösung. Da das DELETE-Statement eines der teuren SQL-Statements ist – schließlich sind relativ viel Aktionen auf dem Tablespace und insbesondere auf den vorhandenen Indizes erforderlich – kann dies gerade bei Tabellen mit einer größeren Anzahl von Indizes und gleichzeitig vielen DELETE-Operationen weiterhin zu Problemen führen. Dies kann sich nicht nur in erhöhten Laufzeiten äußern, sondern auch zu Locking-Konflikten auf den Sekundärindizes führen.

DELETE- durch UPDATE-Statements ersetzen

Daher sollte man gerade bei Tabellen mit mehreren Indizes die andere Wahl in Betracht ziehen, daß die DELETE-Statements prinzipiell gegen UPDATE-Statements ausgetauscht werden. Bei dieser Variante wird die Tabelle um ein Löschkennzeichen mit zwei Ausprägungen erweitert. Dieses Kennzeichen kann beispielsweise als Feld mit dem Datentyp CHAR(01) und dem Wertebereich {' ', 'L'} definiert werden. Beim INSERT einer Zeile in die Tabelle ist dieses Kennzeichen leer. Statt eines DELETE- wird nun ein UPDATE-Statement auf dieses Löschkennzeichen ausgeführt:

```
EXEC SQL
    UPDATE table
        SET Löschkennzeichen = 'L'
    WHERE bedingung
END-EXEC
```

Löschkennzeichen gehören nicht in den Index

Bei dieser Maßnahme sollte berücksichtigt werden, daß das Löschkennzeichen möglichst in keinen Index mit aufgenommen wird, damit der Update nur auf der Tablespace-Page ausgeführt werden muß. Die korrespondierende Maßnahme auf der SELECT-Seite besteht darin, daß alle WHERE-Bedingungen in den SELECT-Statement um die Klausel

```
AND Löschkennzeichen = ' '
```

ergänzt werden.

regelmäßige Reorganisation

Zur Abrundung dieses Verfahrens ist noch eine turnusmäßige Bereinigung der logisch gelöschten Zeilen erforderlich. Dies geschieht am besten dadurch, daß die Tabelle mit dem folgenden SELECT-Statement entladen wird:

```
SELECT *
FROM   table
WHERE  Löschkennzeichen = ' '
```

Der Entladebestand wird dann sortiert und wiederum in die Tabelle mit der Option REPLACE geladen. Anschließend sind noch eine Sicherung, ein RUNSTATS und die Rebinds der betroffenen Packages durchzuführen.

Damit sind die durchzuführenden Änderungen des Batch-Programms gegenüber dem reinen SQL-Verfahren abgeschlossen. Betrachten wir nun den generellen Ablauf des Ladeverfahrens mit Ersetzen.

Zu Beginn des Ablaufs läuft das modifizierte Batchprogramm, das die INSERT- und DELETE-Statements auf einen sequentiellen Ladebestand schreibt. Parallel dazu kann bereits das Entladen der Tabelle beziehungsweise einer Partition von ihr ausgeführt werden.

Der nächste Schritt in diesem Ablauf besteht aus der Sortierung des Ladebestands aus dem Batchprogramm mit dem Entladebestand des DB2-Utilities. Eine Muster-Job-Control sieht folgendermaßen aus:

```
//SORT      EXEC SORT
//SORTIN    DD DISP=SHR,DSN=Ladebestand
//          DD DISP=SHR,DSN=Entladebestand
//SORTOUT   DD DISP=SHR,DSN=Sort-Ausgabe
//SYSIN     DD *
  SORT FIELDS=(Start,Länge,CH,A)
  SUM FIELDS=NONE
```

Diese Muster-Job-Control ist für solche Ladebestände aus dem Batchprogramm anwendbar, bei denen keine UPDATE-Zeilen geschrieben wurden. In diesem Fall hat man die Situation, daß gleiche Inhalte von Sortfeldern nicht vorkommen können. Für den Fall, daß der Ladebestand UPDATE-Zeilen enthält, ist diese Job-Control folgendermaßen zu modifizieren:

```
//SORT      EXEC SORT
//SORTIN    DD DISP=SHR,DSN=Ladebestand
//          DD DISP=SHR,DSN=Entladebestand
//SORTOUT   DD DISP=SHR,DSN=Sort-Ausgabe
//SYSIN     DD *
  SORT FIELDS=(Start,Länge,CH,A),EQUALS
  SUM FIELDS=NONE
```

**EQUALS-Option
beim Sortieren**

Der Unterschied besteht in der Option EQUALS in der SORT FIELDS-Anweisung. Damit wird sichergestellt, daß bei mehrfach vorkommenden Inhalten der Sort-Felder die Reihenfolge beibehalten wird, in der die Sätze eingelesen wurden. Dadurch, daß in der SORTIN-Verkettung der Ladebestand an erster Stelle genannt wird, steht also der UPDATE-Satz an erster Stelle. Durch die Klausel SUM FIELDS=NONE wird nur der erste Satz von doppelten Schlüsseln in die Ausgabe geschrieben. In der Ausgabe stehen also die unveränderten Sätze der Tabelle (aus dem Entladebestand), die neuen Sätze (aus dem Ladebestand) und die veränderten Sätze (ebenfalls aus dem Ladebestand). Mit der Ausgabe des Sort-Utilities kann die Tabelle schließlich neu geladen werden. Für das Lade-Utility benutzt man selbstverständlich die Option REPLACE.

Zur Abrundung dieses Verfahrens sind noch eine FULL COPY, ein RUNSTATS und der REBIND der betroffenen Packages durchzuführen.

LOAD RESUME

Kommen wir nun zur Betrachtung des LOAD-RESUME-Verfahrens.

Im Vergleich zum LOAD-REPLACE-Verfahren, das alle Veränderungen durch INSERT-, UPDATE- und DELETE-Statements auf eine Tabelle verarbeiten kann, ist man beim Verfahren mit Nachladen in der Flexibilität etwas eingeschränkt. Dafür können aber auch einige Schritte entfallen.

INSERT-Statements ersetzen

Die INSERT-Operationen können wie beim Verfahren durch Ersetzen gegen WRITE-Befehle auf eine sequentielle Datei ausgetauscht werden. Für UPDATE- und DELETE-Befehle ist dies jedoch aus dem Grund nicht möglich, da in diesem Verfahren kein zwischengeschaltetes Programm oder Utility zur Verfügung steht, um doppelte Sätze auf den einen richtigen Satz zu reduzieren oder zu löschende Sätze zu eliminieren. Aus diesem Grund müssen beim LOAD RESUME-Verfahren die SQL-Statements UPDATE und DELETE unverändert im Anwendungsprogramm bestehen bleiben. Bei Applikationen, die diese Operationen in nennenswertem Umfang in Relation zu INSERTs beinhalten, ist hier die Frage zu stellen, inwiefern sich dieses Verfahren überhaupt rechnet. Bei Anwendungen, die überwiegend INSERT-Operationen durchführen, kann dieses Verfahren weiterhin interessant sein. Bevor die Neuzugänge in die Tabelle hinzugeladen werden, sollten zwei Dinge geschehen: Sortierung der Daten gemäß dem Clustering Index und vorsichtshalber eine FULL COPY der Tabelle. Sollte der Ladevorgang wegen Problemen abbrechen, kann man die Tabelle in kürzestmöglicher Zeit auf Basis der FULL COPY wiederherstellen, falls keine anderen Alternativen zur Reparatur der Tabelle bestehen.

Nach erfolgreichem Abschluß des Lade-Utilities ist in jedem Fall aus Sicherheitsgründen eine erneute FULL COPY zu erstellen, bevor weitere Veränderungen auf der Tabelle durchgeführt werden.

Verschlechterung der CLUSTERRATIO

Im Gegensatz zum Verfahren durch Ersetzen wird bei diesem Verfahren der Organisationsgrad der Tabelle, ablesbar an der CLUSTERRATIO, permanent schlechter, da die neuen Zeilen an das Ende der Tabelle angehängt werden. Daher ist in regelmäßigen Abständen ein REORG-Lauf für die Tabelle durchzuführen, damit sich hierdurch keine Verschlechterung der Antwortzeiten im Dialog ergibt. Diese Reorganisation ist beim Verfahren mit Ersetzen implizit durch den Sortierungs-Step gegeben.

Insofern ist zu überlegen, ob das REPLACE-Verfahren langfristig per Saldo nicht ebenso viel Aufwand und Maschinenzeit benötigt wie das RESUME-Verfahren. Vordergründig erscheint das REPLACE-Verfahren aufwendiger. Direkte Rechenformeln zur Vergleichbarkeit der beiden Verfahren können hier nicht angegeben werden, da die benötigten Zeiten von mehreren Einflußfaktoren abhängen. Hierzu zählen die Tabellengröße, die Veränderungsrate, die Relation zwischen INSERT-Operationen auf der einen und den UPDATE- und DELETE-Operationen auf der anderen Seite sowie die Frequenz des Batchlaufs.

Abschließend läßt sich zu den unterschiedlichen Batchverfahren feststellen, daß sich durch diese eigenständigen Designüberlegungen erhebliche Maschinenzeiten einsparen lassen. Daher ist es sinnvoll, organisatorische Vorkehrungen dafür zu treffen, daß die Projektplanungen diesen Punkt berücksichtigen. Probate Mittel hierfür sind Gliederungspunkte im Vorgehensmodell sowie die Qualitätssicherung der Projektpläne.

3.3 Zugriffsmodule

Eine weitere organisatorische Maßnahme, den Datenbankeinsatz effizienter zu gestalten, ist die Definition von Zugriffsmodulen pro Entität aus dem konzeptionellen Datenmodell beziehungsweise bei einer 1:1-Abbildung pro Tabelle. Beginnen wir mit zwei Beispielen aus verschiedenen Projekten.

Beispiel ohne Tabellenzugriffsmodul

Bei einer Partnerverwaltung waren Personendaten und Adreßdaten in unterschiedlichen Tabellen abgelegt. Die Adreßtabelle enthielt auch die historischen Daten. Einer der Standardzugriffe war ein Join auf die Personendaten mit den dazugehörigen aktuellen Adreßdaten. Historische Adreßdaten wurde nur in Ausnahmefällen durch genau eine Transaktion gelesen.

Bei einem Tuningprojekt erschienen diese Zugriffe auf die Partnerverwaltung in der Hitliste der teuren Zugriffe. Die hier durchgeführte Tuningmaßnahme bestand darin, die Adreßdaten so zu teilen, daß die aktuellen Daten in die Personendaten integriert wurden und in der so geteilten Adreßtabelle nur noch die historischen Daten verblieben. Trotz eines etwas erhöhten Pflegeaufwands bei der Historisierung von Adreßdaten wurde der Standardzugriff auf die Partnerdaten erheblich günstiger, da kein Join mehr durchgeführt werden mußte.

Die Problematik bei dieser Lösung bestand darin, daß alle Zugriffe auf die Partnerdaten in vielen verschiedenen Programmen verstreut waren. Um die angestrebte Lösung durchzuführen, mußten alle hierfür relevanten Programme geändert werden. Es liegt auf der Hand, daß diese – letzlich doch durchgeführte – Lösung recht aufwendig war. Bei einem Einsatz vom Datenzugriffsmodulen ließe sich ein beträchtlicher Aufwand vermeiden.

Kommen wir zum zweiten Beispiel. In diesem System, in dem Zahlungsverkehrsdaten bearbeitet werden, gab es die Entitäten „Sollstellung" und „Zahlungsposten", die aufgrund des umfangreichen Geschäfts ein sehr hohes Datenvolumen in der Größenordnung von jeweils 80 Millionen Zeilen besitzen. Um eine höhere Parallelität und Verarbeitungsunabhängigkeit sowie kleinere Einheiten für die REORG- und LOAD-Utilities zu erzielen, wurden die Tabellen sowohl partitioniert – teilweise mit neuen künstlichen Schlüsseln – als auch nach fachlichen Kriterien in unterschiedliche Tabellen aufgeteilt. Durch die Verwendung von Datenzugriffsmodulen, die diese technischen Maßnahmen gegenüber den Anwendungsprogrammen vollständig kapselten, konnten eine Reihe von Vorteilen ausgenutzt werden.

Kapselung technischer Maßnahmen

Durch die vollständige Kapselung der technischen Maßnahmen besteht auch für die Zukunft die Möglichkeit, erforderliche technische Änderungen wie zum Beispiel weitere Aufteilung in unterschiedliche Tabellen oder Modifikation der Routine zur Ermittlung des künstlichen, partitionierenden Schlüssels mit verhältnismäßig geringem Programmieraufwand vornehmen zu können. Wären die Zugriffe auf die resultierenden Tabellen der fachlichen Entität nicht gekapselt, bestünde kaum noch eine realistische Chance für nachträgliche Änderungen.

Standardfunktionalität von Datenzugriffsmodulen

Durch ein solches Datenzugriffsmodul sollten mindestens die Standardzugriffe auf eine Entität zur Verfügung gestellt werden. Der Umfang kann folgendermaßen beschrieben werden:

- INSERT, UPDATE, DELETE einer Zeile

- Besteht der eindeutige Schlüssel aus mehreren Spalten, sollten auch die UPDATE- und DELETE-Befehle, die auf die Teilschlüssel wirken, vorhanden sein.

- Einzel-SELECT über den eindeutigen Schlüssel

- Folgende Cursor sollten definiert werden: Zugriff über alle Teilschlüssel des Primärschlüssels und aller Sekundärschlüssel mit den geeigneten ORDER BY-Klauseln

Für jeden definierten Cursor sind alle möglichen Kombinationen von Befehlen bereitzustellen:

- OPEN Cursor

- OPEN, FETCH mit variabler Anzahl

- OPEN, FETCH mit variabler Anzahl, CLOSE

- FETCH mit variabler Anzahl

- FETCH mit variabler Anzahl, CLOSE

- CLOSE Cursor

Um grundsätzlich alle Funktionen eines Cursors anbieten zu können, bieten sich hierzu Makrotechniken an. Mit diesen standardmäßig bereitgestellten Funktionen lassen sich erfahrungsgemäß 90 Prozent aller Zugriffe auf eine Tabelle abbilden. Für die Anwendungsentwickler in einem Projekt hat diese Vorgehensweise den Vorteil, daß sie sich bei komplizierteren Implementierungen nicht mehr um einzelne Details kümmern müssen, sondern sich auf die Fachlichkeit konzentrieren können. Ihnen wird schließlich eine Call-Schnittstelle zum Datenzugriffsmodul und damit zur Tabelle zur Verfügung gestellt. Dies trägt deutlich positiv zur Produktivität eines Entwicklers bei. In gleicher Weise wird der Testaufwand reduziert. Das Datenzugriffsmodul kann isoliert für sich getestet und dann dem Projekt zur Verfügung gestellt werden. In der Folge braucht nur noch der korrekte Aufruf dieses Moduls überprüft werden.

Da ein solches Modul von genau einem Projektmitarbeiter geschrieben wird, ist diese Person sehr intensiv in die Thematik eingearbeitet. Dementsprechend sind auch dadurch Produktivitätsvorteile realisierbar.

Durch die Möglichkeit der Wiederverwendung eines solchen Moduls – dies gilt nicht nur innerhalb eines Anwendungssystems, sondern gerade bei zentralen Systemen wie beispielsweise eine Vertrags- oder Partnerverwaltung auch über dieses System hinaus – wird eine Gesamtanwendung wesentlich besser strukturiert und damit auch besser erweiterbar und wartbar.

Für SQL-Joins zwischen Tabellen muß eine besondere Regelung getroffen werden. Hier bietet es sich an, den Join nach fachlichen Kriterien einem solchen Datenzugriffsmodul zuzuordnen.

Ein letzter technischer Vorteil sollte trotz der an dieser Stelle eher organisatorischen Betrachtung nicht verschwiegen werden. Durch die Trennung von fachlichem Code und Datenzugriffen wird die Anzahl der Packages verringert. Durch kleinere und insbesondere wiederverwendete Packages kann der Systemoverhead durch eine bessere Ausnutzung von Threads zwischen dem Online-System und der Datenbank spürbar vermindert werden.

3.4 Datenzugriffe reduzieren

In den bisherigen Ausführungen wurden im wesentlichen Maßnahmen vorgestellt, das Locking von Ressourcen zu minimieren und synchrone IOs zu reduzieren.

Durch infrastrukturelle Maßnahmen besteht darüber hinausgehend die Möglichkeit, Datenzugriffe zu vermeiden. Unter der Voraussetzung, daß die Dialogprogramme miteinander kompatibel sind und aufgrund ihrer Einzel-Funktionalität zur Bearbeitung von Geschäftsvorfällen, also einer fachlichen Unit-of-Work, kombiniert werden, besteht normalerweise die Situation, daß Daten zu Beginn eines Geschäftsvorfalls gelesen und in den später aufgerufenen Modulen weiter benötigt werden. Mit dem Argument der Kapselung von Funktionen könnte man rechtfertigen, daß jedes Programm grundsätzlich alle seine benötigten Daten selbst liest oder per Aufruf eines anderen Programms anfordert. Mit dieser Methode sind die Programme zwar autark, ziehen aber einen unnötigen Overhead mit sich.

Durchschleusen von Feldern

Ohne Einschränkungen bei der Kapselung zu verursachen, hat es sich bewährt, Optimierungen in die Programme einzubauen. Dies kann durch die Definition eines freien Bereichs für die Applikation innerhalb der CICS COMMAREA geschehen. Dieser Bereich wird anwendungsspezifisch durch ein Anwendungssystem durchgereicht. Mit einer Kennzeichnung an einer fest definierten Stelle ist dieses Verfahren sogar systemweit einsetzbar. Erkennt nun ein Programm, daß es diesen anwendungsspezifischen Bereich „verstehen", d. h interpretieren kann, so kann es sich dieser Daten bedienen. In diesem Bereich werden beispielsweise die jeweils aktuellen Ordnungsbegriffe mit den über Modulgrenzen hinaus dazugehörigen Attributen hinterlegt. In jedem Dialogprogramm wiederum ist eine Routine zu finden, die diesen Bereich auswertet und auf dieser Grundlage nur bei Bedarf, also leerem Bereich, die Daten zu den zu verarbeitenden Ordnungsbegriffen anfordert. Mit dieser Standardfunktionalität lassen sich viele Datenzugriffe vermeiden.

Noch ein Wort zur COMMAREA. Man könnte argumentieren, daß zur Vermeidung von weiteren Datenzugriffen der anwendungsspezifische Bereich so groß wie möglich angelegt werden sollte. Solange man dabei die COMMAREA auf max. 4K beschränkt, wird man auch keine negativen Einflüsse bemerken können. Die Vergrößerung der COMMAREA von 4K auf 32K ist unter allen Umständen aus Performancegründen zu vermeiden.

3.5 Überlegungen zur Anwendungsarchitektur

Wie im vorangegangenen Abschnitt bereits erwähnt, ist die Einführung bestimmter Standards in bezug auf Datenzugriffe aus Performancesicht zu befürworten. Über die dort angesprochenen Maßnahmen zur Vermeidung von Datenzugriffen hinaus lassen sich weitere Bereiche nennen, in denen Standardisierungen nicht nur positive Auswirkungen auf die Qualität der Applikation, sondern auch auf deren Performance nach sich ziehen.

Zentrale Funktionalitäten als Services implementieren

Um überhaupt eine Chance zu haben, zentrale Funktionalitäten mit einem vertretbaren Aufwand zu optimieren, müssen diese Funktionalitäten von den eigentlichen Anwendungsfunktionen streng getrennt sein. Dies geschieht am besten durch eine solche Kapselung, daß diese Zentralfunktionen per CALL aufgerufen werden. Diese Lösung ist insofern flexibler als eine Kapselung unter Verwendung von Makros. Da ein Makro durch einen Preprozessorlauf in den eigentlichen Anwendungscode integriert werden, sind bei einer Änderung einer Zentralfunktion erneute Preprozessorläufe mit anschließendem Compile, Link und Bind erforderlich, und zwar für alle Anwendungsprogramme, die sich dieses Makros bedienen. Solange sich die Datenschnittstelle der Zentralfunktion nicht ändert, ist bei der Lösung mit der CALL-Schnittstelle keine weitere Aktion erforderlich.

Nur bei einer solchen Kapselung ist man in der Lage, die Zentralfunktion zu optimieren. Bei diesen Funktionen besteht auch das größte Verbesserungspotential, da sie in aller Regel sehr häufig aufgerufen werden.

Exemplarisch sind als Kandidaten für solche Zentralfunktionen folgende Bereiche zu nennen:

- Vorgangs-/Geschäftsvorfallsteuerung,

- Druckservices,

- Berechtigungssystem.

Auch Funktionalitäten wie die maschinelle Vergabe von Ordnungsbegriffen sind in diese Kategorie einzuordnen.

3.6   Standards für die Softwareentwicklung

In geeigneten Standards für die Softwareentwicklung sollten Festlegungen zu Performanceaspekten getroffen werden, damit man einen großen Teil der späteren Performanceprobleme vermeiden kann.

3.6.1   Programmierrichtlinien

Zu den wichtigsten festzulegenden Punkten für den Softwareentwicklungsprozeß gehören die Programmierrichtlinien. Diese erstrecken sich heute häufig noch auf Namenskonventionen, erlaubte Befehle in Programmiersprachen, Festlegungen zur strukturierten Programmierung, Standards für Fehlerbehandlung und Wiederaufsetzverfahren. Die Festlegungen zu diesen Themenkomplexen sind wichtig und notwendig für eine verläßliche Qualität der erstellten Software. Solange man im wesentlichen mit sequentieller oder VSAM-Dateiverarbeitung zu tun hatte, deckten sie wohl auch die wichtigsten Bereiche ab. Sobald Datenbankverarbeitung ins Spiel kommt, sind sie weiterhin notwendig, jedoch nicht mehr hinreichend für eine gute Qualität der Software, da durch den Einsatz von Datenbanken völlig neue Problemklassen für die Anwendungsentwicklung entstehen. Daher ist es erforderlich, die bisherigen Standards um Themenstellungen zur Datenbankverarbeitung zu ergänzen. Ein in einer ganzen Reihe von Firmen mit langjährigem und intensiven Einsatz von DB2 bewährter Ansatz ist die Bereitstellung eines DB2-Handbuchs.

3.6.2   DB2-Handbuch

In einem solchen Handbuch wird für die Anwendungsentwicklung beschrieben, wie sie DB2 in ihren Softwaresystemen einzusetzen hat. Zur besseren Handhabbarkeit sollte es nicht nur in Papierform vorliegen, sondern auch möglichst online verfügbar sein, damit es während der Softwareentwicklung komfortabel, d. h. ohne nennenswerten zusätzlichen Aufwand auch genutzt wird. Damit wird im übrigen den Ausreden wie „Das habe ich nicht gewußt" und „Nachsehen kann man das sowieso nicht" Einhalt geboten.

Wie sollte nun ein DB2-Handbuch aufgebaut sein? Beispielhaft wäre folgende Gliederung:

- Grundlagen DB2 und SQL

- Einführung in die Arbeitsweise des DB2-Optimizers; Erläuterung der Begriffe Stage 1, Stage 2, Indexable

- Arbeitsweise von Joins

- Erlaubte SQL-Befehle

- Verbotene SQL-Befehle

- Parallelverarbeitung und damit verbundene Locking-Problemstellungen

- Arbeit mit den Zugriffsprofilen

- Performanceüberlegungen bei Batchverarbeitung.

3.7   Einsatz von Qualitätssicherungs-Tools

flächendeckende
QS nur mit Tool

Über die grundsätzliche Wichtigkeit der Qualitätssicherung im DB2-Bereich braucht hier wohl kein weiteres Wort verloren zu werden. Durch die frühzeitige Einbeziehung von DBAs im Projekt kann sicherlich ein positiver Effekt auf die Güte des entwikkelten Anwendungssystems erzielt werden. Für größere Projekte wird sich diese Maßnahme jedoch aus Kapazitätsgründen nicht vollständig durchhalten lassen. Die Qualitätssicherung wird sich in dieser Situation auf Stichproben beschränken müssen. Um flächendeckende Qualitätssicherung betreiben zu können, ist der Einsatz von geeigneten Tools zwingend erforderlich.

Integration in den
Entwicklungsprozeß

Hierbei sollte allerdings nicht der Ansatz verfolgt werden, erst zum Ende der Programmierung die Qualitätssicherungsmaßnahmen durchzuführen. Vielmehr sollten sie in den Entwicklungsprozeß so integriert werden, daß durch den Einsatz des Tools Qualität in das Anwendungssystem hineinkonstruiert wird. Dadurch bedingt werden bestimmte zusätzliche Anforderungen an solche Tools gestellt.

Kommen wir also zu den Anforderungen, die sowohl aus Sicht der Softwareentwicklung als auch der DBA-Gruppe von QS-Tools erfüllt werden sollten. Diese lassen sich in die Kategorien

- Anforderungen an die statische Qualität von Programmen,

- Anforderungen an die dynamische Qualität von Programmen,

- Anforderungen an die Handhabbarkeit des QS-Tools

einteilen.

3.7.1   Anforderungen an die statische Qualität

Prüfungen des
Source-Codes

Unter dieser Kategorie versteht man Prüfungen, die vom QS-Tools ohne Einbeziehung der Kataloginformationen wie etwa Größe der Tabellen oder definierte Indizes vorgenommen werden können. Folgende Prüfungen sollten vom Tools durchgeführt werden können:

- kein SELECT * in Anwendungsprogrammen

SELECT *

Neben dem höheren Aufwand zur Laufzeit gegenüber einem SQL-Statement, in dem nur die nötigen Felder in der SELECT-Liste qualifiziert werden, kann bei Verwendung von SELECT * erfahrungsgemäß ein Problem bei der Erweiterung von Tabellen um weitere Felder auftreten. Da die bereitgestellten Felder nicht mehr mit der Liste der Host-Variablen in der INTO-

Klausel übereinstimmen, ist bei Tabellenänderungen auch eine Programmänderung erforderlich. Bei Verwendung einer expliziten SELECT-Liste wird ein Anwendungsprogramm auch nach der Erweiterung von Tabellen um neue Felder unverändert weiterlaufen können.

- keine Verwendung von WHENEVER

WHENEVER

Durch die Verwendung von WHENEVER besitzt man keine Möglichkeit mehr, den INSERT von doppelten Schlüsseln in eine Tabelle programmseitig abzufangen. Aus Gründen der Effizienz kann es anstelle eines vorherigen Lesens sinnvoll sein, erst einen INSERT-Versuch zu starten und bei Erfolglosigkeit einen UPDATE durchzuführen.

Ein weiteres Argument gegen die Verwendung der WHENEVER-Klausel ist die Prüfung, ob bestimmte Schlüssel in der Tabelle vorhanden sind. Gegenüber einem Cursor ist ein Einzel-SELECT effizienter. Besteht die Treffermenge jedoch aus mehreren Sätzen, so wird in die WHENEVER-Routine wegen des SQLCODES -811 verzweigt.

Referential Integrity

Ein letztes Argument gegen die Verwendung von WHENEVER ist der Einsatz von RI (Referential Integrity). Auch hier gibt es eine Reihe von negativen SQLCODES, die programmseitig abgefangen werden sollten.

- Verbot von unnötiger Arithmetik in SQL-Statements

Arithmetik in
SQL-Statements

Durch den Einsatz von Arithmetik in SQL-Statements wird in vielen Fällen eine Indexnutzung verhindert.

Ein Beispiel für unnötige Arithmetik ist folgende Klausel:

```
WHERE spalte1 = :host-var + 6
```

Dagegen ist folgendes Beispiel erlaubt, da es keine alternative Formulierung gibt:

```
WHERE spalte1 = spalte2 + 6
```

- keine Verwendung der SQL-Komponenten DDL und DCL in Anwendungsprogrammen

DDL
DCL

Die SQL-Komponenten DDL (Data Definition Language) mit Befehlen wie CREATE TABLE und DCL (Data Control Language) mit Kommandos wie GRANT oder REVOKE sollten normalerweise nicht in Anwendungssystemen verwendet werden, da der DB2-Katalog hierdurch unkontrolliert belastet werden kann. Eine Ausnahme wäre beispielsweise ein System, das für ent-

sprechend autorisierte Stellen im Unternehmen eine Bedie-
nungsoberfläche für die angesprochenen Befehle bereitstellt.

- keine Qualifizierung des CREATOR im Anwendungsprogramm

CREATOR

Durch die Qualifizierung des CREATOR in SQL-Statements in
der Form

```
SELECT ...
FROM   creator.table
WHERE ...
```

ist bei der Überführung des Programms aus einer Umgebung
in eine andere, also beispielsweise aus der Entwicklungs- in
die Produktionsumgebung eine Programmänderung erforderlich, da die Tabellen üblicherweise von unterschiedlichen
Userids angelegt werden. Diese Änderung ist wenig effizient
und zudem eine Quelle für unnötige Fehler.

- Angabe der Spaltennamen bei INSERT-Statements

Ähnlich wie bei der Angabe einer expliziten SELECT-Liste
sollte aus Gründen der Unabhängigkeit von Tabellenerweite-
rungen die Feldliste der eingefügten Werte beim INSERT-
Statement ausdrücklich angegeben werden. Darüberhinaus ist
das Statement durch die Angabe der Spaltennamen besser
dokumentiert.

Abhängig von unternehmensspezifischen Standards wie zum
Beispiel Namenskonventionen sind hier weitere Prüfungen
denkbar. Aus Gründen der Handhabbarkeit sollten diese Prüfungen ein- und ausgeschaltet werden können.

Kommen wir zu den Anforderungen an die dynamische Qualität
von Programmen.

3.7.2   Anforderungen an die dynamische Qualität

Unter diesen Anforderungen sind solche zu verstehen, die nicht
allein aus der Kenntnis des Source-Codes eines Anwendungsprogramms durchgeführt werden können, sondern Informationen
aus dem Umfeld des Programms benötigen. Erfahrungsgemäß sind
folgende Prüfungen zur Erhöhung der Qualität geeignet:

- Übereinstimmung zwischen Definition der Tabellenspalten und der Host-Variablen

keine Nutzung vorhandener Indizes

Bei Nichtübereinstimmung riskiert man die Gefahr, daß der Optimizer geeignete vorhandene Indizes bei der Ermittlung des Zugriffspfads nicht berücksichtigt.

Eine Variante dieses Falls sind unterschiedliche Formate von Tabellenfeldern, über die mehrere Tabellen in einem Join verbunden werden.

- unterschiedliche Bewertungsfaktoren für den Abbruch der maschinellen Überprüfung

Es ist offensichtlich, daß unterschiedliche Bewertungen des Ressourcenverbrauchs an Online- und Batch-Programmen vorgenommen werden müssen. Ein QS-Tools muß so flexibel sein, daß die „Reizschwelle" unterschiedlich eingestellt werden kann.

- Prüfung des EXPLAIN gegen Zugriffsprofile

Zugriffsprofil EXPLAIN

Soweit mit Zugriffsprofilen gearbeitet wird, ist es sinnvoll, diese den EXPLAIN-Ergebnissen gegenüberzustellen. Zumindest sollte ein User-Exit für die Aktivierung unternehmensspezifischer Routinen im Tool vorgesehen sein.

- Bewertung eines SQL-Statements aufgrund eines Kostenfaktors

Kostenfaktor

Analog zur Bewertung eines Statements durch den Optimizer sollten die einzelnen SQL-Statements durch Kostenfaktoren bewertet und saldiert werden. Diese Ergebnisse sind Basis für die Entscheidung des Tools, weitere Prüfungen des Anwendungsprogramms nicht mehr durchzuführen.

- Hinweise auf die Qualität des Zugriffs

indizierbar Stage1 Stage2

Der Administration Guide gibt für die Klauseln der WHERE-Bedingung Hinweise darauf, in welcher Art Indizes für den Zugriffspfad verwendet werden und in welcher DB2-Komponente die Verarbeitung stattfindet. Zu nennen sind hier die Begriffe „indizierbar", „Stage1" und „Stage2". Über diese Bewertungen ist feststellbar, wie aufwendig ein SQL-Statement zur Laufzeit wird. Es ist sehr hilfreich, wenn ein QS-Tool die SQL-Statements in dieser Hinsicht transparent macht.

- Historisierung der PLAN_TABLE

  Änderungen der Zugriffsqualität sind relativ sicher durch die PLAN_TABLE erkennbar. Allerdings geschieht dies nur unter der Voraussetzung, daß diese Information über den EXPLAIN historisiert wird und dahingehend ausgewertet werden kann.

- Ausweisung von Zugriffen, die durch RI (Referential Integrity) verursacht werden

Referential Integrity

Insbesondere die durch den Einsatz von RI zur Laufzeit induzierten weiteren SQL-Statements sollten durch ein QS-Tool aufgezeigt werden können. Der Zusatzaufwand, der beispielsweise durch DELETE CASCADE verursacht wird, kann beträchtlich sein. Dieses Argument ist besonders vor dem Hintergrund zu nennen, als daß die Information über induzierte SQL-Statements nicht aus dem EXPLAIN ersichtlich ist.

Wie bei den Kriterien zur statischen Qualität sind auch hier weitere unternehmensspezifische Prüfungen denkbar.

3.7.3   Anforderungen an die Handhabbarkeit des QS-Tools

Damit ein QS-Tools den höchstmöglichen Nutzen erbringen kann, ist es wichtig, daß es ein natürlicher Bestandteil im Softwareentwicklungsprozeß ist. Dadurch bereits werden seine wichtigsten Nutzungsarten festgelegt:

- interaktiv in der Software-Entwicklungs-Umgebung

- Einbindung in Compile-Prozeduren

Wie bereits angesprochen ist es wichtig, daß das QS-Tools nicht erst zum Ende des Entwicklungsprozesses eingesetzt wird, sondern bereits während der Arbeit an einem Anwendungsprogramm.

Interaktiver Test des SQL-Statements

Optimal ist es, wenn ein Softwareentwickler bereits während der Erstellung des Source-Code interaktiv sein SQL-Statement vom QS-Tool bewerten lassen kann und sein Statement dadurch laufend verbessern kann. Für kompliziertere Themenstellungen steht ein DBA im Hintergrund zur Verfügung. Es ist aber festzustellen, daß er durch ein solches Tool von vielen zeitintensiven Tätigkeiten entlastet werden kann. Durch diesen Einsatz wird Qualität in die Anwendungssysteme unmittelbar hineinkonstruiert.

Unabhängig vom interaktiven Einsatz während der Programm-erstellung muß eine Komponente in die verschiedenen Compile-Prozeduren einzubinden sein. Bewährt hat sich hier ein Prepro-zessor-Step, der vor dem eigentlichen Compile des Programms ausgeführt wird. Durch die Rückgabe eines Returncodes kommt es gegebenenfalls gar nicht mehr zum Compile des Programms. Aber auch hier ist es sinnvoll, daß die Prüfungen nicht starr im-plementiert sind, sondern konfiguriert werden können. Denkbar ist auch eine Ausnahme-Tabelle, in die bestimmte Programm-namen aufgenommen werden, so daß für diese Programme kei-ne Prüfungen durchgeführt werden.

Wichtig bei aller Betonung des Qualitätsgedankens ist eine gleichzeitige Flexibilität des QS-Tools, damit es den Entwick-lungsprozeß nicht behindert. Nur dann besteht die Akzeptanz, es auch zu nutzen.

4 Fallstudien

Nachdem in den vorangegangenen Kapiteln sowohl die technischen Ursachen samt Lösungsansätzen für Performanceprobleme als auch die organisatorischen Maßnahmen behandelt wurden, die die Gefahr solcher Probleme reduzieren, wollen wir nun in die Praxis einsteigen.

In diesem Kapitel werden mehrere Fallstudien aus der Praxis eingehend diskutiert. Der innere Aufbau jeder Fallstudie besteht aus der Beschreibung der Ausgangssituation, den vorrangigen Problemen, die auftreten können, und einem Lösungsansatz, der bereits in der Praxis zum Erfolg geführt hat.

Die Fallstudien behandeln im einzelnen folgende Themenstellungen:

- Warteschlangen von Transaktionen im Online-Betrieb,

- Vermeidung von Hot-Spots,

- Auswirkung der ungleichmäßigen Verteilung von Attributwerten bei Joins,

- Besonderheiten des Optimizers bei der Formulierung von Aufsetzschlüsseln in Cursorn,

- Reduzierung synchroner IOs bei hierarchischen Strukturen,

- Gegenüberstellung von LOAD- und INSERT-Verfahren.

4.1   Warteschlangen im Online-Betrieb

4.1.1   Ausgangssituation

In dieser Fallstudie wird eine typische infrastrukturelle Aufgabenstellung beschrieben.

Sperrtabelle

In einem Projekt soll eine zentrale Sperrtabelle für die verschiedenen möglichen Fachobjekte wie „Kunde" oder „Vertrag" mit ihren unterschiedlichen Ordnungsbegriffen, also den Sperrbegriffen implementiert werden.

Eine einfache Lösung für dieses Problem ist eine zentrale Sperrtabelle, die in einer Grundausbaustufe folgendermaßen aufgebaut sein kann:

Sperrtyp	Sperrkey
Kunde	4711
Kunde	5813
Vertrag	G2603
Vertrag	YV0AA
Rechnung	96/114
Buchungsbeleg	1996/11/21,110341
...	...

Der Sperrtyp gibt an, welche fachliche Einheit gesperrt werden soll. Die Information, auf welche Tabellen sich eine konkrete Sperre bezieht, ist nicht in dieser Sperrtabelle abgelegt. Die dazugehörige Logik muß in der Applikation vollständig vorhanden sein. Bei jeder Änderung eines Vertrags beispielsweise muß jede Anwendungsfunktion, die Verträge bearbeiten kann, prüfen, ob die von ihr beabsichtigten Änderungen sich mit den Einträgen in der Sperrtabelle überschneiden können.

Um die strukturell unterschiedlichen Zugriffsschlüssel der verschiedenen Fachobjekte in einem Feld unterbringen zu können, darf dieses Feld nicht datentypgerecht definiert sein. Ein Zugriffsschlüssel auf eine Tabelle kann grundsätzlich jedes zulässige Format besitzen und darüberhinaus aus mehreren Feldern zusammengesetzt sein. Daher wird die Schlüsselinformation in der Sperrtabelle als Character-String definiert. Dadurch bedingt muß die Schlüsselzusammensetzung in der Applikation interpretiert werden.

Um konkurrierende Sperrversuche auf einem Fachobjekt maschinell erkennen zu können, wird ein eindeutiger Index aus den Feldern Sperrtyp und Sperrkey auf dieser Tabelle definiert.

Mit diesen Grundinformationen kann eine einfache Steuerung einer fachlichen Sperre durchgeführt werden.

Alle Funktionen, die sich an dieser Form eines Sperrverfahrens beteiligen, müssen mit einem Zugriff auf diese Sperrtabelle starten, sobald ihr eigener Ordnungsbegriff bekannt ist. Da die Funktion die Änderung auf ihrem Objekt durchführen und nicht nur prüfen will, ob sie auf diesem Objekt arbeiten kann, startet sie mit einem INSERT-Versuch für das Anwendungsobjekt, beispielsweise dem Sperrtyp „Vertrag" mit der Identifikation, also dem Sperrkey 4711.

Durch diese Aktion wird ein exklusiver Lock auf der dazugehörigen Page aufgebaut. Er bleibt bis zum nächsten COMMIT-Punkt bestehen – im Batch ist dies ein EXEC SQL COMMIT-Befehl, im CICS-Dialog ein SYNCPOINT. Danach ist der Sperreintrag in der Tabelle vorhanden, und der Lock wird aufgehoben. Zum Ende der fachlichen Arbeitseinheit wird der Sperreintrag aus der Tabelle mit einem DELETE-Befehl entfernt. Auch für die Dauer dieses Befehls wird ein exklusiver Lock aufgebaut, der wie oben beschrieben durch den nächsten COMMIT-Punkt aufgelöst wird.

<table><tr><td>Szenarien für konkurrierende Zugriffe</td><td>Für eine konkurrierende Funktion, d. h. eine Funktion, die denselben Ordnungsbegriff des gleichen Fachobjekts verändern will, können nun folgende Situationen auftreten:</td></tr></table>

1. Die konkurrierende Funktion versucht, ihren Sperrbegriff einzufügen, während die erste Funktion noch die Sperre, die durch den INSERT verursacht wird, aufrecht erhält. In diesem Fall geht die zweite Funktion in eine Warteschleife, die entweder durch einen Timeout, erkennbar durch den SQLCODE -911 oder -913, oder durch einen doppelten Schlüssel, d. h. SQLCODE -803 beendet wird.

2. Die zweite Situation besteht darin, daß die erste Funktion durch einen COMMIT-Befehl ihre Sperre auf die eingefügte Zeile bereits aufgehoben hat. Damit trifft die zweite Funktion sofort auf den doppelten Schlüssel mit dem SQLCODE -803.

3. Die dritte Situation ist dadurch charakterisiert, daß die erste Funktion wiederum einen exklusiven Lock auf dem Sperrbegriff hält, der durch den DELETE-Befehl verursacht wird. In diesem Fall geht die zweite Funktion in eine Warteschleife,

die entweder durch einen Timeout, erkennbar durch den SQLCODE -911 oder -913, oder durch einen erfolgreichen INSERT mit SQLCODE 0 beendet wird.

4. In der vierten Situation hat die erste Funktion ihren DELETE auf den Sperrbegriff bereits committed, d. h. ihre Sperre freigegeben. Damit ist der INSERT der zweiten Funktion sofort erfolgreich. Dies bedeutet gleichzeitig, daß beide Funktionen nacheinander ausgeführt werden, also gar nicht mehr konkurrierend sind.

In allen Situationen, die mit einem negativen SQLCODE für die zweite Funktion enden, ist die zweite Funktion der Verlierer und muß zunächst beendet werden. Für sie kann später ein neuer Versuch unternommen werden.

Damit ist gezeigt, daß diese einfache Konstruktion einer fachlichen Sperre vollständig ist. Kommen wir nun zur Betrachtung der Probleme, die bei dieser Sperrfunktionalität auftreten können.

4.1.2 Problembeschreibung

Zuviele Locks auf Tablespaces und Indizes

Eines der wichtigsten Probleme ist das Auftreten einer hohen Anzahl von Locks. Bis einschließlich Version 3.1 ist die kleinste Lock-Einheit eine Page. Das bedeutet, daß alle Einträge, die in der Page vorhanden sind, für den Zeitraum bis zum nächsten COMMIT-Befehl gesperrt sind. Verglichen mit dem Lock auf der Tablespace-Page ist der Lock auf der Index-Page, verursacht durch einen INSERT- oder DELETE-Befehl, wesentlich gravierender. Ab Version 4.1 besteht die Möglichkeit, für einen Tablespace die Lockeinheit auf eine Zeile einzuschränken. Damit könnte das Problem gelöst werden, daß Sperrbegriffe, die sich aufgrund der Tabellenkonstruktion in derselben Page wie der aktuelle Sperrbegriff befinden, unnötigerweise ebenfalls gesperrt sind. Wieviel Overhead der größere Sperraufwand auf Zeilenebene mit sich ziehen wird, muß sich noch in großen Produktionsumgebungen in der Praxis bei einer umfangreichen Last zeigen.

Durch diese Locks wird sich bei einer entsprechenden Last aus der Dialogverarbeitung oder bei einer zu geringen Anzahl von COMMIT-Befehlen in einer Batchverarbeitung eine Warteschlange aufbauen. Für die Dialogverarbeitung bedeutet dies in aller Regel, daß die Transaktionen mit einem Timeout enden.

Durch den Aufbau eines solchen Systemoverheads werden die Benutzer des Dialogsystems in hohem Maße behindert.

Welche Lösungsansätze gibt es nun, die Problemsituation zu entschärfen oder besser noch zu umgehen?

4.1.3   Lösungsansatz

Die erste Maßnahme zur Reduzierung der Locks auf dem Index sollte darin bestehen, die DELETE- durch UPDATE-Befehle zu ersetzen. Dies geschieht dadurch, daß die Tabelle um ein Statuskennzeichen erweitert wird.

Sperrtyp	Sperrkey	Status
Kunde	4711	A
Kunde	5813	L
Vertrag	G2603	A
Vertrag	YV0AA	A
Rechnung	95/114	L
Buchungsbeleg	1995/11/21,110341	A
...	...	...

In diesem Statuskennzeichen wird verankert, ob der Sperrbegriff aktiv (Ausprägung A) oder inaktiv (Ausprägung L), d. h. logisch gelöscht ist.

Der eindeutige Schlüssel, der aus den Feldern Sperrtyp und Sperrkey zusammengesetzt ist, bleibt unverändert bestehen. Das Statuskennzeichen wird nicht in den Index aufgenommen, damit beim Umsetzen des Kennzeichens auf einen anderen Wert kein Indexupdate durchgeführt werden muß.

Die Veränderung der weiter oben beschriebenen Funktionalität besteht darin, daß beim INSERT-Befehl der Status A gesetzt wird und beim UPDATE-Befehl, der den DELETE-Befehl ersetzt, das Statuskennzeichen auf den Wert L gesetzt wird.

Darüberhinaus muß die Reaktion auf den SQLCODE, der auf das INSERT-Statement folgt, wie folgt modifiziert werden. In der Version ohne Statuskennzeichen wurde folgendermaßen verfahren:

```
EXEC SQL
  INSERT INTO sperrtabelle (Sperrtyp, Sperrkey)
  VALUES (:hv-sperrtyp, :hv-sperrkey)
END-EXEC
EVALUATE SQLCODE
WHEN ZERO
  alles ok, fortfahren
```

```
WHEN -911 OR -913
  Timeout, später nochmal versuchen
WHEN -803
  Fachobjekt bereits gesperrt
WHEN OTHER
  Abbruch, Systemfehler
END-EVALUATE
```

In der Erweiterung um das Sperrkennzeichen würde die entsprechende Programmroutine folgendermaßen aussehen:

```
EXEC SQL
  INSERT INTO sperrtabelle (Sperrtyp, Sperrkey, Status)
  VALUES (:hv-sperrtyp, :hv-sperrkey, 'A')
END-EXEC
EVALUATE SQLCODE
WHEN ZERO
  alles ok, fortfahren
WHEN -911 OR -913
  Timeout, später nochmal versuchen
WHEN -803
  EXEC SQL
     UPDATE Sperrtabelle
        SET Status = 'A'
     WHERE  Sperrtyp = :hv-sperrtyp
     AND    Sperrkey = :hv-sperrkey
     AND    Status   = 'L'
  END-EXEC
  IF SQLCODE = 0
     alles ok, fortfahren
  ELSE
     Fachobjekt bereits gesperrt
  END-IF
WHEN OTHER
  Abbruch, Systemfehler
END-EVALUATE
```

Der Unterschied besteht im wesentlichen in der veränderten Behandlung des doppelten Schlüssels. Ist der INSERT-Versuch nicht erfolgreich, muß jetzt noch zusätzlich geprüft werden, ob nicht ein inaktiver Sperreintrag vorhanden ist. Nachdem ein solcher Eintrag wiederum auf „aktiv" gesetzt wurde, kann mit der eigentlichen Verarbeitung fortgefahren werden.

Durch diese Maßnahme werden die Aktivitäten auf dem Index etwa um die Hälfte reduziert. Wichtig ist dabei, daß das Statuskennzeichen nicht in den Index aufgenommen wird.

PCTFREE erhöhen

Eine weitere Maßnahme zur Lösung des Warteschlangenproblems besteht darin, die Anzahl der Einträge pro Tablespace- und Indexpage zu reduzieren. Damit können die Behinderungen anderer Sperreinträge minimiert werden.

Dies könnte durch Vergrößerung der Zeilenlänge erzielt werden, indem der Sperrkey verlängert wird oder ein geeignet langes Dummy-Feld der Tabelle hinzugefügt wird. Von dieser Art von Maßnahmen sollte allerdings Abstand genommen werden, da sie aus Dokumentationssicht unschön sind. Stattdessen sollte bei der Definition von Tablespace und Index ein hoher Wert für den Parameter PCTFREE angegeben werden. In der Praxis hat sich der Wert PCTFREE 90 für diesen Zweck gut bewährt.

Wirksam wird diese Maßnahme allerdings erst dadurch, daß erstens keine Einträge der Tabelle gelöscht werden und zweitens, daß hinreichend oft das REORG-Utility für Tablespace und Index gefahren wird. Wiederum wichtiger ist der REORG des Indexes. Mit dem Anwachsen der Tabelle kann der Wert des Parameters PCTFREE wiederum sukzessive gesenkt werden, damit nicht unnötig Plattenplatz verschwendet wird. Dies geschieht am einfachsten durch folgende Befehle:

```
ALTER INDEX ixname PCTFREE neuer-wert
```

beziehungsweise

```
ALTER TABLESPACE tsname PCTFREE neuer-wert
```

Der anschließend durchgeführte REORG macht die eingetragenen Werte wirksam.

Eine dritte Maßnahme, die Aktivitäten insbesondere auf dem Index zu reduzieren, besteht in einem Preload der Tabelle mit hinreichend vielen Zeilen, d. h. Sperrbegriffen.

Preload der Sperrtabelle

In der betrieblichen Praxis ist es vielfach so, daß der Wertevorrat der Sperrbegriffe bekannt ist. So werden Kundennummern, Vertragsnummern, Rechnungsnummern, um nur einige Beispiele zu nennen, häufig nach einem festgelegten System vergeben. Damit besteht die Möglichkeit, die potentiellen Ordnungs-, also Sperrbegriffe der Fachobjekte im voraus zu generieren. Wird ein solcher Ladebestand vor Produktionseinführung in die Sperrtabelle geladen, so brauchen nur bei zusätzlich hinzugekommenen

Ordnungsbegriffen die im Vergleich zu UPDATE-Befehlen relativ teuren INSERT-Befehle ausgeführt zu werden. Um vor Überraschungen sicher zu sein, sollte der Ladebestand mit dem Statuskennzeichen L mit der Bedeutung „nicht aktiv" geladen werden.

Bei dieser Vorgehensweise wird es sinnvoll sein, die weiter oben genannte INSERT-Routine abzuändern. Da der INSERT-Befehl nur noch in Ausnahmefällen ausgeführt wird, dafür jedoch der UPDATE-Befehl zum Normalfall wird, sollte die Sequenz der Befehle wie folgt getauscht werden:

```
EXEC SQL
 UPDATE Sperrtabelle
    SET Status = 'A'
 WHERE  Sperrtyp = :hv-sperrtyp
 AND    Sperrkey = :hv-sperrkey
 AND    Status   = 'L'
END-EXEC
EVALUATE SQLCODE
WHEN ZERO
 alles ok, fortfahren
WHEN 100
 EXEC SQL
   INSERT INTO Sperrtabelle
       (Sperrtyp, Sperrkey, Status)
   VALUES
       (:hv-sperrtyp, :hv-sperrkey, 'A')
 END-EXEC
 EVALUATE SQLCODE
 WHEN ZERO
   alles ok, fortfahren
 WHEN -803
   Fachobjekt bereits gesperrt
 WHEN OTHER
   Abbruch, Systemfehler
 END-EVALUATE
WHEN -911 OR -913
 Timeout, später nochmal versuchen
WHEN OTHER
 Abbruch, Systemfehler
END-EVALUATE
```

Sollte es nicht möglich sein, die zukünftigen Sperrbegriffe im voraus zu kennen, bleibt trotzdem eine Maßnahme offen.

Aufgrund der Anwendungslogik sollte mindestens bekannt sein, welche Sperrtypen verwaltet werden sollen, welches Format die Sperrbegriffe zu den Sperrtypen besitzen und wieviele Sperrbegriffe pro Sperrtyp zu erwarten sind.

künstlicher Ladebestand

Mit diesen Informationen läßt sich ein sequentieller Ladebestand für die Sperrtabelle generieren. Indem etwa mengenmäßig 5 bis 10 Prozent der zu erwartenden möglichen Sperrbegriffe pro Sperrtyp erzeugt werden, schafft man eine gute Vorformatierung der Sperrtabelle. Diese Maßnahme läßt sich weiter optimieren, indem relativ hohe Werte für PCTFREE, etwa 80 für Tablespace und Index angegeben werden. Zusätzlich sollten die vorformatierten Sperrbegriffe gleichmäßig über den möglichen Wertebereich eines Sperrtyps verteilt werden, damit im Produktionsbetrieb alle vorformatierten Pages in etwa gleichmäßig gefüllt werden. Darüberhinaus kann man für die im voraus geladenen Sperrbegriffe einen eigenen Statuscode vorsehen – beispielsweise G mit der Bedeutung „generiert" – damit diese Sperrbegriffe zu einem späteren Zeitpunkt aus der Tabelle entfernt werden können.

Dieses Verfahren soll an einem einfachen Beispiel erläutert werden. Gegeben sei der Sperrtyp „Buchung" mit dem Sperrbegriff „Buchungs-ID", die folgendermaßen aufgebaut ist:

Position	Format	Erläuterung
1 - 4	CHAR(04)	Jahr im Format JJJJ
5 - 6	CHAR(02)	Monat im Format MM
7 - 8	CHAR(02)	Tag im Format TT
9 - 10	DECIMAL(05)	lfd. Buchungsnummer pro Tag

In einem solchen Fall kann man einen Ladebestand erzeugen, der für jeden Tag des Jahres jede zwanzigste Buchungsnummer enthält:

```
1996 01 01 00001
1996 01 01 00021
. . .
1996 01 01 99981
1996 01 02 00001
1996 01 02 00021
. . .
1996 12 31 00001
1995 12 31 00021

1995 12 31 99981
```

Mit einem solchen Ladebestand lassen sich in diesem Szenario die wesentlichen Probleme auf der Sperrtabelle lösen.

Fassen wir die Maßnahmen noch einmal zusammen:

- Einführung eines Statuskennzeichens, um DELETE durch UP-DATE von Sperrbegriffen zu ersetzen,

- PCTFREE-Parameters für Tablespace und Index erhöhen,

- Preload der Tabelle mit hinreichend vielen geeigneten Rows.

4.2   Hot-Spots vermeiden

4.2.1   Ausgangssituation

In dieser Fallstudie wird eine weitere infrastrukturelle Aufgabenstellung beschrieben. Damit ist gemeint, daß diese Funktionalität einen zentralen Service für Anwendungssysteme darstellt.

Für immer mehr Anwendungssysteme – besonders in der Versicherungswirtschaft – besteht die Forderung, daß sie sich an einem Geschäftsvorfallsmodell orientieren sollen. Hierzu eine kurze Erläuterung. Diese Forderung bedeutet, daß in einer fachlichen Arbeitseinheit eine Vielzahl von Tabellenzeilen in unterschiedlichen Tabellen betroffen sein, und daher verändert werden können. Diese fachliche Arbeitseinheit soll zu guter Letzt entweder fachlich „committed", also wirksam gemacht, oder „rollbacked" werden.

Damit wird klar, daß eine solche fachliche Arbeitseinheit mit einer technischen Arbeitseinheit wenig zu tun hat. In einer Batchverarbeitung ist damit eine COMMIT-Strecke gemeint, d. h. die Veränderungen, die zwischen zwei COMMIT-Befehlen durchgeführt werden. In einer CICS-Dialogverarbeitung ist eine technische Arbeitseinheit eher durch den CICS-Befehl SYNCPOINT gekennzeichnet. Im Unterschied zu einer technischen Arbeitseinheit ist die fachliche Arbeitseinheit nicht durch technische Restriktionen zeitlich begrenzt. Darüberhinaus kann sie beliebig häufig unterbrochen werden.

Um bei dieser Ausgangssituation effizient eine Arbeitseinheit bearbeiten zu können – dies gilt insbesondere für den Dialogbetrieb – ist eine Verwaltung der Veränderungen erforderlich, die in dieser Arbeitseinheit angefallen sind. Andernfalls gäbe es keine Information, welche veränderten oder neu hinzugekommenen Tabellenzeilen zu einem bestimmten Geschäftsvorfall, d. h. zu einer fachlichen Arbeitseinheit gehören.

Eine in der Praxis funktionstüchtige Lösung für dieses Problem ist eine zentrale Verwaltung der Geschäftsvorfälle. Hierzu sind im wesentlichen zwei Tabellen erforderlich: eine GeVo-Vergabetabelle und eine GeVo-Kontrolltabelle (der Begriff „GeVo" steht für „Geschäftsvorfall"). Im folgenden werden beide Tabellen als GEVOVERG (GeVo-Vergabe-Tabelle) und GEVOCNTL (GeVo-Kontroll-Tabelle) bezeichnet. Der grundlegende Aufbau beider Tabellen stellt sich wie folgt dar:

Tabelle GEVOVERG:

GeVo-ID
4711
4712
5813
....

In der Tabelle GEVOVERG wird für jeden Geschäftsvorfall der GeVo-Identifizierer verwaltet. Dieser Schlüssel sollte systemfrei und effizient maschinell erzeugbar sein. Zu Beginn eines Geschäftsvorfalls – angelehnt an die SQL-Syntax kann man diese Funktion als OPEN GeVo bezeichnen – wird der Identifizierer eines Geschäftsvorfalls erzeugt und in die Tabelle eingetragen. Damit wird der Geschäftsvorfall gestartet.

Um die Eindeutigkeit der GeVo-ID sicherzustellen, liegt auf diesem Feld ein eindeutiger Index.

Tabelle GEVOCNTL:

Gevo-ID	Tabelle	Key-Container	Gevo-Status
4711	T1	12345	A
4711	T1	34567	A
4711	T2	1234567	A
4711	T3	ABC	A
...	...	...	...
5813	T1	45678	B
5813	T4	G2603	B

In die Tabelle GEVOCNTL werden die Informationen eingetragen, welche Tabellenzeilen durch einen Geschäftsvorfall verändert werden und welchen Status der Geschäftsvorfall besitzt.

Die Gevo-ID bildet die inhaltliche Klammer für einen Geschäftsvorfall. Aus ihr wird deutlich, welche Tabellenzeilen durch einen Geschäftsvorfall verändert werden.

Da ein Geschäftsvorfall Veränderungen in vielen unterschiedlichen Tabellen verursachen kann, ist eine Information über die beteiligten Tabellen erforderlich. Prinzipiell würde es ausreichen, hier den Tabellennamen einzutragen, so wie er im DB2 verankert ist. Dies dürfte jedoch eine Platzverschwendung in der Sperrtabelle sein, da man allein für dieses Feld 18 Bytes vorsehen müßte. Ein gangbarer Weg ist die Vergabe einer Tabellennummer. Wenn diese als SMALLINT definiert wird und damit einen Platzbedarf von nur 2 Bytes besitzt, sollte in ihr jede Produktionstabelle einer Installation codierbar sein. Installationen mit mehr als 32.768 Produktionstabellen dürften wohl verhältnismäßig selten vorkommen.

Um die strukturell verschiedenen Zugriffsschlüssel auf die unterschiedlichen Tabellen in einem Feld unterbringen zu können, darf dieses Feld nicht datentypgerecht definiert sein. Ein Zugriffsschlüssel auf eine Tabelle kann grundsätzlich jedes zulässige Format besitzen und darüberhinaus aus mehreren Feldern zusammengesetzt sein. Daher wird die Schlüsselinformation in der Sperrtabelle als Character-String definiert, was bedingt, daß die Schlüsselzusammensetzung in der Applikation interpretiert werden muß.

Schließlich ist der Status des Geschäftsvorfalls in dieser Tabelle unterzubringen. Er wird benötigt, um festzustellen, ob sich der Geschäftsvorfall noch in Arbeit (Kürzel „A") oder bereits im bestandswirksamen (Kürzel „B"), d. h. committetem Zustand befindet. Mit diesen Grundinformationen kann eine Steuerung einer fachlichen Arbeitseinheit durchgeführt werden.

4.2.2   Problembeschreibung

Da auf diesen beiden Tabellen zentrale Funktionen wie OPEN GeVo zur Eröffnung, UPDATE GeVo bei der Veränderung, COMMIT GeVo zum erfolgreichen Abschluß und ROLLBACK GeVo zum Zurücksetzen eines Geschäftsvorfalls bei jeder Bearbeitung im Anwendungssystem durchgeführt werden, können sie sehr leicht zu einem Systemengpaß werden. Zudem werden diese Funktionen sehr häufig aufgerufen, nämlich bei jeder Veränderung von Tabellenzeilen. Welche Problemkategorien können also auftreten?

Hot-Spot

Bei einer ungeeigneten Wahl der GeVo-Id, beispielsweise der unkritischen Übernahme des TIMESTAMPs entsteht ein Hot-Spot in der Tabelle GEVOVERG. Alle Veränderungsaktionen sequentialisieren sich demzufolge in dieser Tabelle.

Locking

Mit diesem Themenkreis hängt die Locking-Problematik zusammen. Da auf beiden Tabellen fast nur Veränderungen stattfinden – auf der Tabelle GEVOCNTL gibt es darüberhinaus auch Leseaktionen – ist es wichtig, daß die von den oben genannten GeVo-Funktionen verursachten Sperren so schnell wie möglich aufgelöst werden.

<table>
<tr><td valign="top">

hohe
Verarbeitungslast

</td><td>

Eine weitere Forderung besteht darin, die Verarbeitungslast auf beide Tabellen zu minimieren. Aufgrund ihrer zentralen Stellung im System führt jedes nicht durchgeführte INSERT oder DELETE zu enormen Einsparungen. Die SQL-Befehle INSERT und DELETE gehören wie weiter oben bereits ausgeführt zu den relativ „teuren" Befehlen.

</td></tr>
</table>

4.2.3 Lösungsansatz

Zunächst zu den Überlegungen zur Tabelle GEVOVERG. Um eine Eindeutigkeit des Schlüssels GeVo-ID maschinell sicherzustellen, ist ein Timestamp eine gute Ausgangsposition. Man sollte allerdings nicht den Fehler machen, ihn unverändert als Datenformat für dieses Feld zu übernehmen, da man sonst genau diese Tabelle zum Engpaß des Systems werden läßt.

<table>
<tr><td valign="top">

Streuung des
Schlüssels

</td><td>

Durch die Invertierung des Timestamps erzeugt man einen gestreuten Schlüssel mit einer gleichmäßigen Zufallsverteilung. An einem Beispiel sei der erste Schritt erläutert:

</td></tr>
</table>

```
Original-Timestamp:  1 9 9 5 · 1 1 · 2 3 · 1 0 . 2 5 . 0 9 . 1 2 3 4 5 6

1. Schritt:  6 5 4 3 2 1 . 9 0 . 5 2 . 0 1 · 3 2 · 1 1 · 5 9 9 1
```

Dieser neu konstruierte Schlüssel ist kein Timestamp mehr. Damit benötigt er in der Datenbank statt bisher 10 nun 26 Bytes. Dies ist eine Platzverschwendung, die sich besonders bei der Tabelle GEVOCNTL bemerkbar macht.

<table>
<tr><td valign="top">

Optimierung des
Schlüssels

</td><td>

Zur Verbesserung dieser Situation werden alle Sonderzeichen entfernt. Diese besitzen ohnehin keine Bedeutung, da sie konstant sind. Das Ergebnis des zweiten Schritts sieht also folgendermaßen aus:

</td></tr>
</table>

```
Original-Timestamp:  1 9 9 5 · 1 1 · 2 3 · 1 0 . 2 5 . 0 9 . 1 2 3 4 5 6

1. Schritt:  6 5 4 3 2 1 ✕ 9 0 ✕ 5 2 ✕ 0 1 ✕ 3 2 ✕ 1 1 ✕ 5 9 9 1

2. Schritt:  6 5 4 3 2 1 9 0 5 2 0 1 3 2 1 1 5 9 9 1
```

Mit dieser Maßnahme konnten 6 Bytes eingespart werden, so daß das Format CHAR(20) lautet. Dieser Wert ist immer noch zu hoch. Da der Schlüssel numerisch ist, könnte er im dezimal gepackten Format deutlich verkürzt werden. In COBOL ist dies jedoch nicht möglich, da maximal 18 signifikante Stellen unterstützt werden. Durch Aufteilung des Schlüssels in zwei gleichlange Felder und einige Umformatierungen in COBOL ist es jedoch möglich, diesen Schlüssel in einem Character-Feld der Länge 10 unterzubringen. In einer hexadezimalen Darstellung ergibt sich folgendes Bild:

```
2. Schritt:                        6 5 4 3 2 1 9 0 5 2 0 1 3 2 1 1 5 9 9 1

              hexadezimal:         F F F F F F F F F F F F F F F F F F F F
                                   6 5 4 3 2 1 9 0 5 2 0 1 3 2 1 1 5 9 9 1


3. Schritt:   hexadezimal:         6 4 2 9 5 0 3 1 5 9
                                   5 3 1 0 2 1 2 1 9 1
```

Mit diesen Schritten hat man einen 10 Bytes langen gestreuten Schlüssel auf der Basis eines Timestamps konstruiert. Dadurch kann der Index insbesondere der Tabelle GEVOCNTL deutlich verkürzt werden. Durch die Verwendung dieses Schlüssels ist die Gefahr eines Hot-Spots praktisch abgewendet.

Noch eine Bemerkung zur GeVo-ID: Da die aufeinanderfolgende Besorgung eines Timestamps durchaus gleiche Werte zur Folge haben kann, müssen programmtechnisch mehrere INSERT-Versuche für die Tabelle GEVOVERG vorgesehen werden. Ein Wert von 3 Versuchen hat sich in der Praxis bewährt, sollte aber auf die vorhandene Konfiguration des Rechners gegebenenfalls angepaßt werden.

Kommen wir nun zu den Maßnahmen in der Tabelle GEVOCNTL. Die erste mögliche und notwendige Maßnahme, nämlich die Bildung eines Hot-Spots zu vermeiden, wurde bei der Tabelle GEVOVERG erläutert. Sie wird durch die Konstruktion des streuenden Schlüssels GeVo-ID aus einem Timestamp sowie der Definition des clustering Index, der in der ersten Spalte aus diesem Feld besteht, erzielt. Weitere Maßnahmen orientieren sich daran, die Anzahl der „teuren" Operationen INSERT und DELETE zu reduzieren.

Teure Operationen vermeiden

Der erste INSERT in die Tabelle GEVOCNTL findet nach dem Aufruf der Funktion OPEN GeVo statt. Da der Schlüsselinhalt bereits durch den erfolgreichen INSERT in die Tabelle GEVOVERG reserviert ist, kann die Applikation den ersten INSERT in die Tabelle GEVOCNTL solange verzögern, bis die erste Änderung an einer Zeile in einer Fachdatentabelle stattfindet. Damit werden nicht beim ersten INSERT die Felder Tabelle und Key-Container leer eingefügt, sondern mit den entsprechenden Inhalten.

 Da in einem Geschäftsvorfall Daten in unterschiedlichen Tabellen verändert werden können, wird es im allgemeinen bei dem bisher beschriebenen Aufbau der Tabelle GEVOCNTL mehrere Zeilen zu einer konkreten GeVo-ID geben. Für alle diese Zeilen sind INSERT-Funktionen vorzunehmen. Um diese Operationen durch weniger teure UPDATE-Operationen ersetzen zu können, ist die Tabelle in der Form zu modifizieren, daß mehrere Tabellen- und Key-Container-Einträge in einer Zeile untergebracht werden können. Die Tabelle hat dann folgenden schematischen Aufbau:

Gevo-ID	Tabellen-Container	Key-Container	Gevo-Status

Das dazugehörige CREATE-Statement hat den Aufbau:

```
CREATE TABLE gevocntl
  (gevo_id    CHAR(10)       NOT NULL
  ,tab_cont   CHAR(20)       NOT NULL
  ,key_cont   CHAR(400)      NOT NULL
  ,gevo_st    CHAR(1)        NOT NULL)
```

In COBOL-Notation stellen sich die Felder Tabellen-Container und Key-Container wie folgt dar:

```
05        Tabellen-Container      PIC X(20).
05        T-Cont-R REDEFINES Tabellen-Container.
  10      Tab-Cont-Occ OCCURS 10.              ⇐ 10 Tabellen
    15    Tabelle                 PIC S9(4) COMP.

05        Key-Container           PIC X(20).
05        K-Cont-R REDEFINES Key-Container.     ⇐ 10 Schlüsselwerte
  10      Key-Cont-Occ OCCURS 10.
    15    Key                     PIC X(40).
```

Zur Erinnerung: Anstelle des Tabellennamens wird zur Platzersparnis eine systemweit gültige Tabellennummer benutzt.

Durch diese Maßnahme werden die folgenden INSERT-Operationen, die bei der Veränderung weiterer Zeilen in Fachdatentabellen anfallen würden, durch preiswertere UPDATE-Operationen ersetzt. Eine weitere, im Vergleich dazu kleinere Optimierung kann durch Hinzufügen eines Tabellenzählers erzielt werden. In ihm wird festgehalten, wieviele Einträge im Tabellencontainer aktuell gefüllt sind. Dadurch können einige Suchroutinen beschleunigt werden. Im oben genannten Beispiel wurden die verschiedenen Einträge in dem Tabellen-Container auf zehn Stück festgelegt. Sollten weitere Einträge erforderlich sein, ist eine Folgezeile aufzubauen. Zwischen der maximalen Größe des Tabellen-Containers zur Reduzierung von Folgezeilen und seinem durchschnittlichen Füllgrad zur Optimierung des Plattenplatzbedarfs ist installationsabhängig ein Kompromiß einzugehen.

Vermeidung von DELETE-Statements

Um die Last auf dieser Tabelle weiter zu reduzieren, wird als zusätzliche Maßnahme das DELETE- durch ein UPDATE-Statement ersetzt. Bei den Funktionen COMMIT GeVo und ROLLBACK GeVo ändert sich der Status des GeVo. Während die Fachdaten beim COMMIT GeVo bestandswirksam gemacht werden, müssen die bisherigen Änderungen bei der Funktion ROLLBACK GeVo aus der Datenbank entfernt werden. Nach Durchführung beider Funktionen wird die Information über den konkreten GeVo in der Tabelle GEVOCNTL nicht mehr benötigt. Daher könnten diese Zeilen aus der Tabelle gelöscht werden. Stattdessen kann das Feld Gevostatus bei der Funktion COMMIT GeVo in „B" in der Bedeutung bestandswirksam respektive in „L" für gelöscht verändert werden.

regelmäßige Reorganisation

Durch regelmäßige Reorganisationen dieser Tabelle können die Informationen über die „erledigten" Geschäftsvorfälle entfernt werden.

Die Lösung mit dem Update des Gevostatus gegenüber dem direkten Löschen hat darüberhinaus den Vorteil, daß sie statistische Auswertungen über die durchgeführten Geschäftsvorfälle ermöglicht. Zudem können diese Informationen für Anschlußsysteme verwendet werden.

Fassen wir die Maßnahmen noch einmal zusammen:

- Einführung eines streuenden Schlüssels auf Basis eines Timestamps zur Vermeidung von Hot-Spots.

- Denormalisierung der Tabelle zur Reduzierung teurer INSERT-Operationen zugunsten von UPDATE-Operationen.

- UPDATE eines Statuskennzeichens mit asynchroner Reorganisation anstelle eines unmittelbaren DELETE.

Durch die genannten Aktionen läßt sich auch eine „heiße" Tabelle performant implementieren.

4.3   Ungleichmäßige Verteilung von Attributwerten bei Joins

4.3.1   Ausgangssituation

In der nun folgenden Fallstudie entfernen wir uns ein wenig von den Infrastrukturthematiken, die vorrangig für ein generelles Applikationsdesign relevant sind. Wir wollen uns einem Query zuwenden, das im Prinzip eine Tabelle mit sich selbst verbindet.

Eine praktische Fragestellung könnte folgendermaßen heißen: „Suche alle Versicherungsverträge, in denen sowohl die Risiken Haftpflicht als auch Hausrat versichert sind."

Das Tabellendesign stellt sich wie folgt dar:

Vertrags-Nr	Risiko-Kennzeichen	Attribute zum Risiko
42100567	Haftpflicht	...
42165381	Hausrat	...
42165381	Haftpflicht	...
94333486	Hausrat	...
94333486	Haftpflicht	...
94333486	Unfall	...
...	...	...

Das geeignete Query hat dann folgenden Aufbau:

```
SELECT ...
FROM   risikotabelle t1
      ,risikotabelle t2
WHERE  t1.vertragsnummer     = :hv-vsnr
AND    t1.risikokennzeichen = 'Haftpflicht'
--
AND    t2.vertragsnummer     = t1.vertragsnummer
AND    t2.risikokennzeichen = 'Hausrat'
```

Für Verträge, die weitere versicherte Risiken beinhalten, ist dieses Query sinngemäß zu ergänzen:

```
SELECT ...
FROM   risikotabelle t1
      ,risikotabelle t2
      ,risikotabelle t3
WHERE  t1.vertragsnummer     = :hv-vsnr
AND    t1.risikokennzeichen = 'Haftpflicht'
```

```
--
AND    t2.vertragsnummer     = t1.vertragsnummer
AND    t2.risikokennzeichen = 'Hausrat'
--
AND    t3.vertragsnummer     = t1.vertragsnummer
AND    t3.risikokennzeichen = 'Unfall'
```

Im Normalfall werden diese Queries vom Optimizer relativ gut aufgelöst und mit vernünftigen Laufzeiten durchgeführt.

kleine Treffermengen   Voraussetzung dafür sind verhältnismäßig kleine Treffermengen für die Vertragsnummer und eine gleichmäßige Verteilung der Risikokennzeichen.

In den Fällen, in denen zu einer ID große Treffermengen gefunden werden und gleichzeitig hochgradig unterschiedliche Häufigkeiten der einschränkenden Kriterien vorhanden sind, kann es zu extrem unterschiedlichen Laufzeiten für ein Query kommen. Gegeben sei folgendes verallgemeinerte Beispiel.

```
CREATE TABLE testtab
       (id        INTEGER     NOT NULL
       ,feldtyp  SMALLINT     NOT NULL
       ,feldwert SMALLINT     NOT NULL
       ,weitere Attribute)

CREATE UNIQUE INDEX itesttab ON testtab
       (id
       ,feldtyp
       ,feldwert)
```

In der Tabelle gibt es 1.000.000 verschiedene IDs und insgesamt 5 verschiedene Feldtypen. Diese Feldtypen haben im allgemeinen folgende Häufigkeiten:

Feldtyp	Anzahl unterschiedlicher Feldwerte
Typ1	8000
Typ2	1000
Typ3	500
Typ4	400
Typ5	100

Im folgenden soll nun dieses Query untersucht werden:

```
SELECT ...
  FROM   testtab t1
         ,testtab t2
         ,testtab t3
  WHERE  t1.id      = :hv-id
  AND    t1.feldtyp = :hv-feldtyp1
--
  AND    t2.id      = t1.vertragsnummer
  AND    t2.feldtyp = :hv-feldtyp2
--
  AND    t3.id      = t1.vertragsnummer
  AND    t3.feldtyp = :hv-feldtyp3
```

4.3.2   Problembeschreibung

Das Query zeigt im Produktionsbetrieb mit den oben genannten Anzahlen und Verteilungen extreme Laufzeitunterschiede. Die hohen Laufzeiten sind für den Dialogbetrieb nicht tragbar.

4.3.3   Lösungsansatz

Zunächst wollen wir uns den Zugriffspfad dieses Queries betrachten. Der Explain zeigt folgendes Resultat:

```
QUERYNO   PLANNO  METHOD
-------+--------+--------+--------+--------+--------+--------+-
999 1     1       0 TESTTAB  I  2  ITESTTAB N   0 NNNN   NNNN
999 1     2       1 TESTTAB  I  2  ITESTTAB N   0 NNNN   NNNN
999 1     3       1 TESTTAB  I  2  ITESTTAB N   0 NNNN   NNNN
```

Aufgrund der Werteverteilung wählt der Optimizer für alle drei Schritte des Queries, die durch die Spalte PLANNO identifiziert werden, den Zugriff Matching Index Scan mit 2 MATCHCOLS. Die Join-Methode ist der Nested-Loop-Join (Method = 1). Weiterhin ist am Ergebnis des Explain feststellbar, daß wegen des geeigneten Indexes keine Sortierungen durchgeführt werden müssen.

Die Arbeitsweise des Nested Loop Join kann folgendermaßen beschrieben werden: Zunächst wird die Fundmenge des ersten Queryblocks ermittelt. Diese Fundmenge genügt der WHERE-Bedingung:

```
  WHERE  t1.id      = :hv-id
  AND    t1.feldtyp = :hv-feldtyp1
```

Mit diesen Treffern wird in den zweiten Queryblock eingestiegen und eine neue Fundmenge gebildet, die folgender WHERE-Bedingung genügt:

```
WHERE   t1.id      = :hv-id
AND     t1.feldtyp = :hv-feldtyp1
--
AND     t2.id      = t1.vertragsnummer
AND     t2.feldtyp = :hv-feldtyp2
```

Mit dieser zweiten Fundmenge steigt der Optimizer in den dritten Queryblock ein, um dann die endgültige Fundmenge zusammenzustellen. Diese erfüllt dann die vollständige WHERE-Bedingung.

Da die Selektion der Fundmenge in diesem Fall vollständig durch einen Index unterstützt wird, läuft die wiederholte Filterung der Daten in der Weise ab, daß die RIDs (Record-IDs) aus der Fundmenge des ersten Queryblocks mit den Treffern aus dem zweiten Queryblock abgeglichen werden und diese wiederum mit den Treffern aus dem dritten Queryblock.

Spielen wir diese Verfahrensweise für mehrere Fälle einmal durch:

Fall	Anzahl RIDs im 1. Queryblock	Anzahl RIDs im 2. Queryblock	Anzahl RIDs im 3. Queryblock
1	10000	1000	10
2	1000	10000	10
3	10	1000	10000

Reihenfolge der Query-Blöcke bei Joins

In Fall 1 werden die 10.000 RIDs aus dem ersten Queryblock mit den 1.000 RIDs aus dem zweiten Queryblock abgeglichen. Das bedeutet, daß für jede der 10.000 RIDs die Prüfung stattfindet, ob sie mit der Bedingung des zweiten Queryblocks verträglich ist. Mit der daraus resultierenden Liste von RIDs wird die Verarbeitung fortgeführt. Für jede dieser RIDs – die Anzahl liegt zwischen 0 und 1.000 – findet wiederum die Prüfung statt, ob sie mit der Bedingung des dritten Queryblocks kompatibel ist. Die daraus resultierende Treffermenge des vollständigen Queries liegt zwischen Null und 10. Die Reduktion der Treffermenge findet in diesem Fall erst zum Schluß statt.

In Fall 2 sieht die Verarbeitung bereits etwas günstiger aus. Für die 1.000 RIDs wird geprüft, ob sie mit der Bedingung des zweiten Queryblocks verträglich ist. Die daraus resultierende RID-Liste besitzt zwischen Null und 1.000 Einträgen. Für jeden Eintrag dieser Liste findet die wiederholte Prüfung statt, ob sie zur Treffermenge des dritten Queryblocks paßt. Damit wird auch hier wie im ersten Fall die endgültige Treffermenge des vollständigen Queries auf Null bis 10 Treffer reduziert. Gegenüber dem ersten Fall findet insofern weniger interne Verarbeitung statt, als für deutlich weniger RIDs die Prüfungen gegen die Treffermenge aus dem zweiten Queryblock durchgeführt werden müssen.

Betrachten wir schließlich den dritten Fall. Die RID-Liste aus dem ersten Queryblock enthält zehn Einträge. Für jeden dieser Einträge wird geprüft, ob er die Bedingung des zweiten Queryblocks erfüllt. Die daraus resultierende RID-Liste besteht aus Null bis 10 Einträgen. Diese RID-Liste wird gegen die Treffermenge des dritten Queryblocks gehalten, um die endgültige Treffermenge zu ermitteln. Durch diese Verfahrensweise werden intern weniger Prüfungen durchgeführt, da in diesem Fall mit sehr kleinen RID-Listen operiert wird.

Die Strategie für optimale Laufzeiten solcher Queries besteht also darin, daß die kleinste Treffermenge zuerst verarbeitet wird und für die damit zusammenhängende RID-Liste die Prüfungen zum nächsten Queryblock vorgenommen werden.

Wie kann nun diese Strategie in einer Applikation umgesetzt werden?

dynamisches SQL   Beim Einsatz von dynamischem SQL wird diese Strategie automatisch vom DB2 verfolgt, da der Optimizer beim dynamischen Binden des Queries den Wert der Hostvariable kennt. Unter der Voraussetzung, daß entsprechende Katalogwerte aufgrund eines RUNSTATS-Utilities verfügbar sind, wird der Optimizer sich für den kostengünstigsten Zugriffspfad entscheiden. Dieser Zugriffspfad würde dem Fall 3 entsprechen.

Für eine Batch-Applikation kann dieser Weg in bestimmten Fällen in Betracht gezogen werden. In einer Online-Applikation hat allerdings ein dynamisches SQL normalerweise nichts zu suchen, da das Verhältnis zwischen der Zeit für den dynamischen Bind und der Ausführung des SQL-Statements zu schlecht ist. Gegenüber einem Batch-Ausführungsprofil von SQL-Statements, das eher durch eine seltene Ausführung von Statements mit hoher Treffermenge gekennzeichnet ist, charakterisiert sich ein Online-Ausführungsprofil dadurch, daß SQL-Statements häufig ausgeführt werden, dabei jedoch kleine Treffermengen verarbeiten. Dies gilt auch für Cursor, die hohe Treffermengen besitzen. Da in einer CICS-Umgebung die Klausel `WITH HOLD` für Cursor nicht zulässig ist, wird der Cursor nach dem nächsten `SYNCPOINT` geschlossen, der durch das Senden des Bildschirms verursacht wird. Damit hat ein Cursor in einer Online-Umgebung ebenfalls eine geringe Treffermenge. Nach dem Blättern des Bildschirms müßte wieder ein dynamischer Bind erfolgen.

Kommen wir also zum Normalfall, dem statischen SQL. Hier wird der Zugriffspfad beim Binden des Package festgelegt.. Da üblicherweise mit Host-Variablen gearbeitet wird, kann der Optimizer die Werte der Hostvariablen nicht berücksichtigen, da sie erst zur Laufzeit des Package bekannt sind.

Das bedeutet, daß man mit statischem SQL im Normalfall keine Möglichkeit hat, den Zugriffspfad zu beeinflussen. Diese sollte man auch aus Gründen der Wartbarkeit der Applikation unterlassen.

stabile Werteverteilungen

Eine Ausnahmeregelung sollte allenfalls für den Fall in Betracht gezogen werden, daß hochgradig unterschiedliche Attributverteilungen vorliegen, die darüberhinaus auch stabil sind. Das Wissen über diese Verteilung wird in die Anwendung integriert, indem die Host-Variablen ihre Werte abhängig vom Inhalt zugewiesen bekommen. In diesem Szenario besteht die Gefahr, daß sich die Attributverteilungen mit der Zeit in der Datenbank verändern können, ohne daß die Programmstrukturen der veränderten Situation angepaßt werden.

4.4 Formulierung von Aufsetzschlüsseln in Cursorn

4.4.1 Ausgangssituation

In dieser Fallstudie wollen wir einen der Normalfälle einer Anwendung, nämlich einen Cursor zum Blättern, näher betrachten.

Wir arbeiten in einer Tabelle `testtab` mit dem Clustering Index `itesttab`, der aus den Spalten `col1`, `col2` und `col3` besteht.

Der Cursor sei folgendermaßen definiert:

```
SELECT    col1, col2, col3,...
 FROM      testtab
 ORDER BY col1
          ,col2
          ,col3
```

Mit dieser Definition allein, die lediglich für die korrekte Treffermenge sorgt, kann man allerdings in einer Applikation wenig anfangen. Durch `COMMIT`-Punkte wird ein Cursor immer wieder geschlossen. Dies gilt insbesondere für CICS-Umgebungen, wo dies bereits durch das Senden eines Bildschirms verursacht wird. Das bedeutet, daß der Cursor eine Aufsetzlogik benötigt. Damit ändert sich sein Aussehen folgendermaßen:

```
SELECT    col1
          ,col2
          ,col3
          ,weitere Felder,...
 FROM      testtab
 WHERE     col1 > :hv-col1
 OR        col1 = :hv-col1 AND col2 > :hv-col2
 OR        col1 = :hv-col1 AND col2 = :hv-col2
                         AND col3 > :hv-col3
 ORDER BY col1, col2, col3
```

Die Felder `hv-col1`, `hv-col2` und `hv-col3` repräsentieren die entsprechenden Host-Variablen.

Indem sich die Applikation den Schlüssel der Zeile merkt, die mit dem letzten `FETCH` des Cursors bereitgestellt wurde, kann sie nach dem Schließen des Cursors wieder so aufsetzen, daß die nächste, noch nicht gelesene Zeile durch den ersten `FETCH` des Cursors nach dem erneuten Öffnen zur Verfügung gestellt wird.

Alternativ könnte man die Aufsetzlogik auch durch die Konkatenierung der Felder des Aufsetzschlüssels realisieren. Dies würde folgendermaßen aussehen:

```
SELECT    col1
          ,col2
          ,col3
          ,weitere Felder,...
FROM      testtab
WHERE     col1 || col2 || col3 > :hv-aufsetzkey
ORDER BY col1, col2, col3
```

keine Konkatenierung
zusammengesetzter
Schlüssel

Die Ergebnismenge bei dieser Formulierung ist dieselbe wie bei der ersten Beschreibung. Der Unterschied zur Laufzeit besteht darin, daß bei der zweiten Formulierung kein Index mehr genutzt wird, selbst wenn er geeignet aufgebaut ist. Damit verbietet sich diese Lösung sowohl im Batch- als auch im Online-Betrieb. Unabhängig von dieser negativen Auswirkung ist aus Gründen der Standardisierung grundsätzlich anzustreben, daß eine Funktionalität, hier das Blättern, immer in gleicher Weise umgesetzt wird.

Nachdem die grundsätzliche Aufsetzlogik für einen Cursor beschrieben ist, dessen Aufsetzschlüssel aus mehreren Spalten besteht, kommen wir nun zum eigentlichen Problem.

Im Normalfall einer Applikation müssen mit einem Cursor die Daten zu einem Ordnungsbegriff in einer vorgegebenen Sortierung bereitgestellt werden. Für die weitere Betrachtung soll der Aufsetzschlüssel aus zwei Spalten bestehen und der unterstützende Index aus den Spalten (id, col1, col2) zusammengesetzt sein. Der Cursor hat dann den folgenden Aufbau:

```
SELECT    col1
          ,col2
          ,col3
          ,weitere Felder,...
FROM      testtab
WHERE     id   = :hv-id
AND (     col1 > :hv-col1
OR        col1 = :hv-col1 AND col2 > :hv-col2
     )
ORDER BY col1
          ,col2
```

An dieser Stelle sei angemerkt, daß das Feld id natürlich nicht mehr in der SELECT-Liste auftaucht: schließlich ist es aufgrund der WHERE-Bedingung bereits bekannt.

4.4.2   Problembeschreibung

Mit der hier vorliegenden, funktional korrekten Formulierung des Cursors wird man bei einem EXPLAIN feststellen, daß der Optimizer den Zugriffspfad mit dem genannten Index wählt. Die Kennzahl MATCHCOLS ist 1, nämlich die id.

Der Optimizer erkennt dabei nicht das Offensichtliche, daß die Blätterklauseln folgende Aussage ebenfalls hergeben: col1 >= :hv-col1. Damit könnte die Kennzahl MATCHCOLS um 1 erhöht werden.

Die Auswirkung sollte eigentlich klar sein. Bei einer hohen Treffermenge zur Klausel WHERE id = :hv-id müssen vom DB2 wesentlich mehr RIDs intern verarbeitet werden, als wenn er zwei passende Indexspalten verarbeiten würde.

4.4.3   Lösungsansatz

Indem man in das Query die zusätzliche, eigentlich redundante Formulierung mit dem Operator >= aufnimmt, wird der Zugriffspfad um eine weitere passende Spalte optimiert:

```
SELECT    col1
          ,col2
          ,weitere Felder,...
FROM      testtab
WHERE     id   = :hv-id
AND       col1 >= :hv-col1
AND (     col1 >  :hv-col1
OR        col1 =  :hv-col1 AND col2 > :hv-col2)
ORDER BY col1, col2
```

Aus dem Explain dieses Queries ist erkennbar, daß der Zugriffspfad, ein Matching Index Scan, von einer genutzten Spalte auf zwei Spalten verbessert wird.

4.5   Synchrone IOs bei hierarchischen Strukturen reduzieren

4.5.1   Ausgangssituation

Wir haben bereits mehrfach gesehen, daß eine der wichtigsten Einflußgrößen für die Responsezeit eines Datenzugriffs die Anzahl der synchronen IOs ist. Die Betonung liegt dabei auf dem Begriff „synchron". Damit ist gemeint, daß die bereitzustellenden Daten nicht in einem Datenträger-Cache beziehungsweise in einem der eingerichteten DB2-Bufferpools oder DB2-Hiperpools, die im Prinzip auch einen Cache darstellen, verfügbar sind, sondern direkt vom Datenträger, d. h. von der Platte gelesen werden müssen. Damit besteht die gesamte Responsezeit zu einem hohen Teil aus der Plattenantwortzeit.

	Central Storage DB2-Bufferpool	Expanded Storage DB2-Hiperpool	Cache-Controller IBM 3990	DASD IBM 3390 Model 1, 2, 3
Bereit-	0 ms	0,04 ms	0,98 ms	17,6 ms
stellungs- zeit	0 s	1 s	24,5 s	M1 = 7,33 min M2 = 8,58 min M3 = 9,62 min

In der Tabelle sind die Bereitstellungszeiten für eine Page gegenübergestellt.

Befindet sich die Page im Bufferpool, so ist sie augenblicklich verfügbar, d. h. sie ist bereitgestellt. Für den Transfer einer Page aus einem Hiperpool, d. h. aus dem Expanded Storage (Erweiterungsspeicher), sind 40 Mikrosekunden zu veranschlagen. Dagegen werden zur Bereitstellung aus einem Cache-Controller bereits 980 Mikrosekunden benötigt. Das IBM 3390 Model 1, das schnellste Modell aus der Reihe, bewerkstelligt den Transfer einer Page in 17,6 Millisekunden.

Um die Größenordnungen besser zu verdeutlichen, ist in der unteren Zeile die Bereitstellungszeit aus dem Erweiterungsspeicher auf 1 Sekunde normiert worden. Aus dem Cache-Controller benötigt man dann 24,5 Sekunden, direkt von der Platte sind es dann schon zwischen 7 und fast 10 Minuten. Die Bereitstellung einer Page direkt von der Platte entspricht dem Begriff „synchroner IO".

Gleichzeitig ist, wie bereits in einer vorigen Fallstudie beschrieben, eine Entwicklung zu geschäftsvorfallorientierten Anwendungssystemen festzustellen. Bei diesen Systemen sind drei wesentliche Komponenten erkennbar: Die erste ist die Bearbeitung von Geschäftsobjekten anstelle von einzelnen Zeilen, die zweite ist das Ausmaß, d. h. die Arbeitseinheit eines Geschäftsvorfalls, die dritte der innere Aufbau der Geschäftsobjekte.

Ein Geschäftsobjekt ist aus Datenbanksicht dadurch gekennzeichnet, daß wir es nicht mehr mit einer Zeile in einer Tabelle zu tun haben, sondern es kann aus mehreren Zeilen bestehen, die in einer oder auch mehreren Tabellen abgelegt sind.

Ein Geschäftsvorfall kann davon wiederum aus Datenbanksicht als Verallgemeinerung betrachtet werden. Die fachliche Arbeitseinheit, ein Synonym für einen Geschäftsvorfall, besteht aus der Bearbeitung, d. h. Veränderung eines oder mehrerer Geschäftsobjekte.

Voraussetzung für die Bearbeitung eines Geschäftsvorfalls ist also zunächst die datenmäßige Bereitstellung der betroffenen Geschäftsobjekte.

Kommen wir zum inneren Aufbau der Geschäftsobjekte. Aus Gründen der Flexibilität werden viele moderne Systeme so gestaltet, daß möglichst wenige Hierarchien fest eingebaut werden. Ein charakteristisches Beispiel dafür ist IAA (Insurance Application Architecture). IAA ist eine Sammlung von Regelwerken für Versicherungsapplikationen. In ihr sind methodische Grundsätze und Inhalte für Daten-, Funktions- und Prozeßmodellierung zu finden. IAA befindet sich seit 1990 in Zusammenarbeit von IBM mit führenden Versicherungen in der Entwicklung.

Wir wollen hier aber nicht in die Fachlichkeit einsteigen, sondern herausarbeiten, mit welchen Designgrundlagen aus Sicht der Datenmodellierung die gewünschte Flexibilität erreicht werden soll und welche Auswirkungen auf das Datenbankdesign zu erwarten sind.

Die grundlegenden Charakteristika des Datenmodells können folgendermaßen beschrieben werden:

- Alle Schlüssel besitzen das gleiche Datenformat.

- Alle Schlüssel werden streuend vergeben.

- Alle Beziehungen werden ausschließlich über Beziehungsentitäten abgebildet.

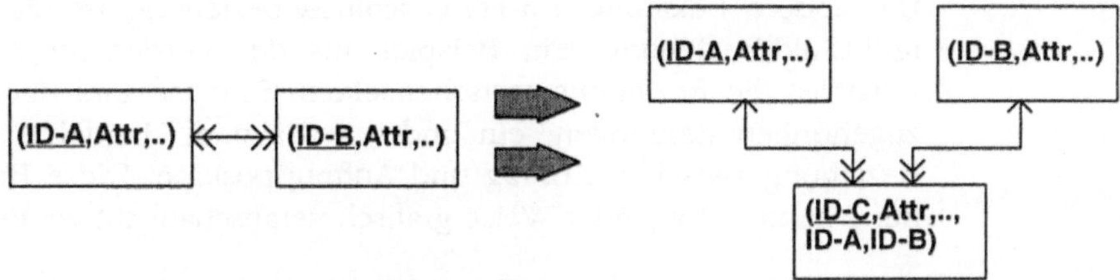

Vermeidung von Hot-Spots, geringer Reorganisationsbedarf

Durch die grundsätzlich streuende Vergabe von Schlüsseln ist man in der Lage, für die Schlüssel ein einheitliches Format vorzusehen. Die streuende Vergabe bietet, wie wir bereits gesehen haben, den Vorteil, daß dadurch erstens Hot-Spots vermieden werden und zweitens der durchschnittliche Reorganisationsbedarf einer Tabelle sinkt. Die Designentscheidung für streuende Schlüssel in einer Tabelle berücksichtigt also durchaus Performanceaspekte, die insbesondere beim INSERT sehr positive Auswirkungen zeigen.

Eine Tatsache ist aus den obigen Designgrundlagen nicht ganz offensichtlich erkennbar, sollte aber explizit erwähnt werden. Durch diese Schlüsselkonstruktion sind keine aus mehreren Feldern zusammengesetzten Schlüssel mehr vorgesehen und damit möglich.

Betrachten wir die Umsetzung der Beziehungen etwas intensiver. Ein Geschäftsobjekt kann aus vielen Zeilen in einer oder mehreren Tabellen bestehen.

Die eine bekannte 1:n-Fremdschlüsselbeziehung zwischen zwei eigenständigen Geschäftsobjekten, also beispielsweise zwischen Kunde und Vertrag, wird folgendermaßen umgesetzt:

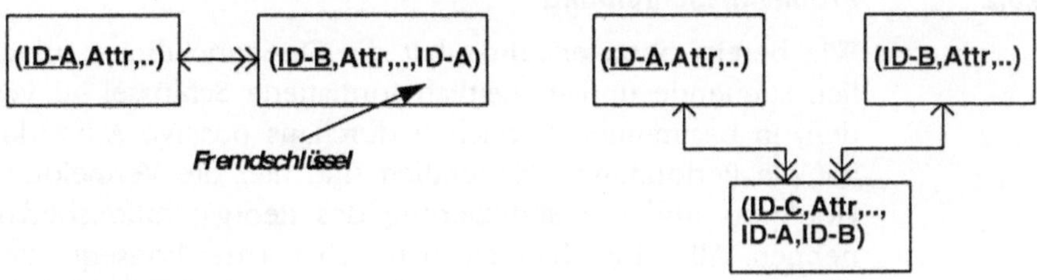

Parent-Child-Beziehung

Die andere bekannte 1:n-Fremdschlüsselbeziehung ist die Parent-Child-Beziehung. Ein Beispiel aus der Versicherungswirtschaft ist die Beziehung zwischen einem Schaden und den dazugehörigen Zahlungen, ein anderes aus dem Handel ist die Beziehung zwischen Auftrag und Auftragsposition. Diese Beziehung kann in folgender Weise grafisch veranschaulicht werden:

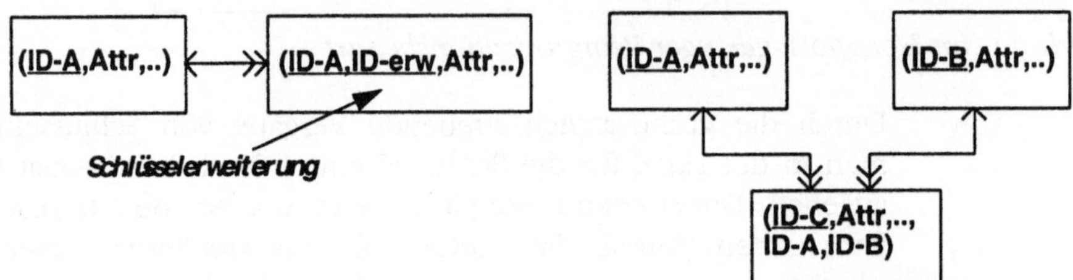

Auch diese Beziehung wird aus Gründen der Einheitlichkeit und Flexibilität mit einer Beziehungsentität implementiert.

Bemerkenswert bei der Lösung mit streuenden Schlüsseln, aber konsequent gelöst, ist bei der Parent-Child-Beziehung, daß aus dem Schlüssel des Childs nicht erkennbar ist, zu welchem Parent es gehört.

Für die Beziehungsentitäten gelten die gleichen Designrichtlinien. Der Schlüssel einer Beziehungsentität ist eigenständig, nur aus den Fremdschlüsseln ist erkennbar, welche Entitäten miteinander in Beziehung gesetzt werden.

Die Kategorie einer n:m-Beziehung ist grundsätzlich nur mit einer Beziehungsentität darstellbar. Auch in diesem Fall gilt das soeben Gesagte: Der Schlüssel der Beziehungsentität ist eigenständig.

4.5.2   Problembeschreibung

Wie bereits oben erwähnt, hat die Designrichtlinie, ausschließlich streuende und einheitlich formatierte Schlüssel zu verwenden, in bestimmten Bereichen durchaus positive Auswirkungen auf die Performance. Wesentlich sind hier die Vermeidung von Hot-Spots und die Reduzierung des Reorganisationsbedarfs zu nennen. Allerdings handelt man sich mit der konsequenten Befolgung dieser Grundsätze auch bestimmte Probleme ein. Vordergründig sind folgende Problemkreise zu erkennen:

- höhere Tabellenanzahl,

- höhere Anzahl von Tabellenzeilen,

- höhere Anzahl von Indizes.

Diese Problemkreise sollen nun näher erläutert werden.

Einsatz von Beziehungsentitäten

Die höhere Anzahl von Tabellen ist vorrangig dadurch bedingt, daß auch bei den 1:n-Beziehungen Beziehungsentitäten implementiert werden. Herkömmlich würden diese Beziehungen wie in einer Grafik weiter oben durch einen Fremdschlüssel realisiert, ohne eine Tabelle für die Beziehungsentität zu benötigen.

Aus fachlicher Sicht ist mindestens bei den „echten" Beziehungen zwischen eigenständigen Geschäftsobjekten abzuwägen, ob die durch die Beziehungsentität gewonnene Flexibilität benötigt wird. Bei den meisten „Parent-Child"-Beziehungen hingegen dürfte diese Flexibilität kaum erforderlich sein.

Bedingt durch die Einführung von Beziehungsentitäten bei 1:n-Beziehungen werden auch mehr Tabellenzeilen verwaltet als bei der herkömmlichen Methode mit den Fremdschlüsseln, nämlich die Zeilen in der Beziehungsentität.

mehr Indizes

Wenn die Schlüssel des abhängigen Objekts bei Parent-Child-Beziehungen unabhängig sind vom Schlüssel des Parent-Objekts, benötigt man zur Sicherstellung der Eindeutigkeit einen eindeutigen Index auf dem Schlüssel der Child-Tabelle und zusätzlich einen Index auf dem Fremdschlüssel, nämlich dem Schlüssel der Parent-Tabelle. Dieser Schlüssel ist allerdings bei dieser Konstruktion nicht in der Child-Tabelle verfügbar, sondern in die Beziehungsentität ausgelagert. Damit werden erstens ein Index zur Sicherstellung der Eindeutigkeit in der Beziehungs-Tabelle und ein weiterer, der aus den Schlüsseln der Parent- und der Child-Tabelle zusammengesetzt ist, erforderlich. Bei einer klassischen Konstruktion eines Child-Schlüssels, beispielsweise zusammengesetzt aus dem Parent-Schlüssel und einer laufenden Nummer, benötigt man nur einen Index auf der Child-Tabelle, um beide Funktionalitäten – Sicherstellung der Eindeutigkeit und Zugriffsmöglichkeit über den Parent-Schlüssel – zur Verfügung zu stellen.

Die soeben genannten Punkte sind von außen relativ leicht zu erkennen, da sie über Maßzahlen aus dem DB2-Katalog ermittelbar sind. Sie stehen in engem Zusammenhang mit dem Administrationsaufwand, der mit einem System verbunden ist.

Neben diesen äußeren Symptomen treten auch noch folgende inneren Problemkreise zutage:

- höherer Plattenplatzbedarf,

- höhere Anzahl von synchronen IOs beim SELECT,

- höherer Aufwand für INSERT und DELETE,

- aufwendige Nutzung von Joins.

Wie bereits oben angedeutet, werden durch die konsequente Verwendung von einspaltigen, streuenden Schlüsseln mehr Schlüsselfelder als bei einer herkömmlichen Datenbankmodellierung verwaltet. Dies ist besonders bei der Benutzung von Beziehungsentitäten bei 1:n-Beziehungen zu erkennen. Dadurch wird ein höherer Plattenplatzbedarf sowohl bei den Tabellen als auch bei den Indizes verursacht. Gegenüber den folgenden, laufzeitbezogenen Argumenten ist dieser Effekt allerdings von etwas untergeordneter Bedeutung.

aufwendige
Zugriffe auf
Child-Entitäten

Durch die konsequente Streuung der Schlüssel auch auf den abhängigen Ebenen eines Geschäftsobjekts liegen die Einträge zu einem Parent-Schlüssel über die gesamte Tabelle verstreut. Hierzu eine kurze Erläuterung: Der Child-Schlüssel, der eigenständig vom Parent-Schlüssel vergeben wird, ist als Index anzulegen mit den Schlüsselwörtern UNIQUE und CLUSTER. Die Eindeutigkeit ist klar, die Eigenschaft CLUSTER wird benötigt, damit dieser Schlüssel auch tatsächlich streuend ist und somit keinen Hot-Spot bilden kann. Damit ist für den Index, der den Zugriff über den Parent-Schlüssel unterstützt, die Klausel CLUSTER nicht mehr verfügbar. Durch dieses Indexdesign bedingt, liegen die Einträge zu einem Parent-Schlüssel nicht mehr zusammen. Damit muß zum Lesen der Child-Daten zu einem Parent im Extremfall für jedes Child ein GETPAGE-Request abgesetzt werden. Dies ist offensichtlich aufwendiger, als wenn die Child-Daten zu einem Parent nach dem Parent-Schlüssel geclustered sind und somit in sehr wenigen, häufig sogar nur einer oder zwei Pages liegen.

Die bereits oben begründete höhere Anzahl von Indizes bei Child-Tabellen verteuert die Operationen INSERT und DELETE. Statt eines Indexes zur Sicherstellung der Funktionen „Eindeutigkeit" und „Zugriff über den Parent-Schlüssel" bei der klassischen Modellierung müssen im flexiblen Fall immer zwei Indizes verwaltet werden. Besonders drastisch ist dieser Effekt, wenn der Index, der den Zugriff über den Parent-Schlüssel unterstützt, lange RID-Ketten besitzt. Dies ist beispielsweise dann

der Fall, wenn dieser Index nur aus dem Parent-Schlüssel besteht und man in den Tabellen Aufträge mit einer sehr hohen
Anzahl von Auftragspositionen verwalten muß.

Besteht ein Geschäftsobjekt aus mehreren 1:n-Beziehungen, ist
man bei der Lösung mit den flexiblen, einspaltigen gestreuten
Schlüsseln gezwungen, immer das gesamte Geschäftsobjekt zu
lesen, auch wenn man nur einen abhängigen Teil benötigt. Der
Ordnungsbegriff des Geschäftsobjekts ist normalerweise nur auf
der obersten Ebene und der direkt untergeordneten Ebene als
Schlüssel verfügbar. Geht die Hierarchie eines Geschäftsobjekts
weiter, so müssen die Verkettungen der Fremdschlüssel über die
Beziehungsentitäten stets mitgelesen werden. Dies geschieht in
aller Regel über SQL-Joins, da die von Hand programmierten
Joins meist noch langsamer sind.

Schematisch soll abschließend zur Problembeschreibung das IO-
Verhalten eines Geschäftsobjekts aufgezeigt werden, das aus drei
Hierarchiestufen besteht und zu jedem Eintrag zehn Child-
Einträge besitzt. Weiter nehmen wir an, daß die Satzlänge gängi-
ge 250 Bytes beträgt und daß sich das Geschäftsobjekt selbst
noch nicht in einem Bufferpool, Hiperpool oder Cache befindet.
Die Bufferpools seien so dimensioniert, daß sich die Root- und
alle Intermediate Pages der Indizes darin befinden.

Bei der konventionellen Lösung stelt sich das IO-Verhalten wie
folgt dar:

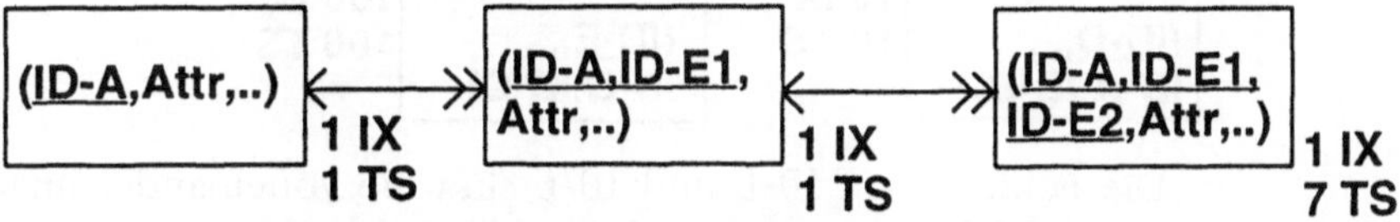

Hier bezeichnen ID-A den Parent-Schlüssel, ID-E1 die Schlüsselerweiterung der zweiten Hierarchieebene, die zusammen mit der
der ID-A einen eindeutigen Schlüssel bildet, und ID-E2 die
Schlüsselerweiterung der dritten Hierarchieebene. Diese bildet
wiederum zusammen mit ID-A und ID-E1 einen eindeutigen
Schlüssel. Aus diesen eindeutigen Schlüsseln wird der auf jeder
Ebene für unsere Zwecke einzige Index aufgebaut. Dieser Index
ist UNIQUE und CLUSTER.

Zum Lesen der obersten Hierarchieebene ist ein synchroner IO
für die Leaf-Page des Index und ein weiterer synchroner IO für
das Lesen der Datenpage mit der entsprechenden Zeile erforderlich. Da der Index der zweiten Hierarchiestufe nach dem Parent-

Schlüssel, nämlich der ID-A clustered ist, werden alle Indexeinträge zum Parent-Schlüssel wiederum in einer Index-Page liegen. Dementsprechend ist auch hier ein synchroner IO auf die Indexpage zu veranschlagen. Weil der Index nach dem Parent-Schlüssel geclustered ist, liegen auch die Child-Daten zu diesem Parent-Schlüssel in einer Page. Somit sind alle Daten auf der zweiten Hierarchieebene mit nur einem GETPAGE-Request, also einem synchronen IO bereitzustellen. Unter den oben genannten Voraussetzungen sind auf der dritten Hierarchieebene 100 Zeilen zu lesen. Da sie ebenfalls nach dem Parent-Schlüssel geclustered sind, kann man auch hier davon ausgehen, daß nur eine Leaf-Page des Index und 7 Pages der Tabelle zu lesen sind. Insgesamt müssen zur Bereitstellung des gesamten Geschäftsobjekts 12 synchrone IOs durchgeführt werden. Unterstellt man eine Plattenantwortzeit von 25 Millisekunden, werden insgesamt 0,3 Sekunden für diese Verarbeitung benötigt.

Stellen wir dieser Implementierung eines Geschäftsobjekts die konsequente und vollständige Umsetzung mit einspaltigen und streuenden Schlüsseln gegenüber, so zeigt sich folgendes Bild:

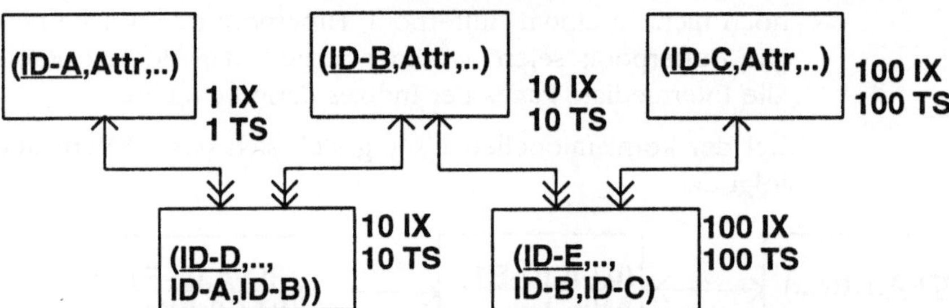

Die Felder ID-A, ID-B und ID-C sind die voneinander unabhängigen eindeutigen Schlüssel der ersten, zweiten und dritten Hierarchiestufe. An ihnen ist keine Beziehung untereinander abzulesen. ID-D und ID-E sind die eindeutigen Schlüssel der Beziehungsentitäten zwischen der ersten und zweiten respektive der zweiten und dritten Hierarchieebene. In diesen Beziehungsentitäten sind die Schlüssel der ersten und zweiten beziehungsweise der zweiten und dritten Hierarchieebene als Fremdschlüssel untergebracht. Zum Lesen der ersten Hierarchieebene sind je ein synchroner IO auf einer Leaf-Page des Index und auf einer Datenpage erforderlich. Um die zweite Hierarchiebene lesen zu können, ist die Beziehungsentität zwischen der ersten und der zweiten Hierarchieebene zu lesen. Das Query auf diese Beziehungsentität besitzt die Form

```
SELECT  id-b
FROM    beziehungsentität-d
WHERE   id-a = :hv-id-a
```

Da diese nicht nach dem Parent-Schlüssel geclustered ist, sind je 10 GETPAGE-Requests auf die Index-Leaf-Pages, die die RIDs zur WHERE-Bedingung enthalten, und auf die dazugehörigen Datenpages erforderlich. Damit sind die zehn verschiedenen Werte der ID-B bekannt. Die zweite Hierarchieebene ist nach der ID-B clustered, die soeben ermittelten Werte liegen also in unterschiedlichen Pages. Dies gilt sowohl für die Index-Leaf-Pages als auch für die Datenpages. Für jede Zeile der mittleren Hierarchieebene gibt es in diesem Geschäftsobjekt zehn abhängige Zeilen in der dritten Hierarchieebene. Die Schlüssel dieser 100 Zeilen sind wie bereits beschrieben nur über die Beziehungsentität zwischen der zweiten und dritten Hierarchieebene zu ermitteln. Analog zur bisherigen Beschreibung werden für die Beziehungsentität je 100 Getpage-Requests für die Index-Leaf-Pages und für die Datenpages durchgeführt. Die gleichen Zahlen gelten für die dritte Hierarchieebene. Summiert man die Getpage-Requests, so kommt man auf 442 synchrone IOs. Dies entspricht einer Antwortzeit von circa 11 Sekunden. Eine solche Antwortzeit dürfte für eine Online-Funktion nicht akzeptabel sein.

Gegenüber der ersten Implementierung, die mit Schlüsselerweiterungen konstruiert wurde, liegen die Antwortzeiten dieser Umsetzung um den Faktor – nicht Prozentsatz – 37 höher. Dieses Beispiel verdeutlicht die möglichen Mehrkosten einer stur umgesetzten Flexibilität.

Dieses Verhältnis ist unter Beibehaltung der Flexibilität der zweiten Lösung im wesentlichen dadurch zu verbessern, daß auch die Index-Leaf-Pages und die Datenpages in Bufferpools und Hiperpools verfügbar sind. Erweiterungen des Hauptspeichers beziehungsweise Erweiterungsspeichers gehören jedoch zu den teuersten Maßnahmen, eine Maschine hochzurüsten, um Performance zu gewinnen.

Kommen wir zu Lösungsansätzen, die eine sinnvolle Flexibilität beibehalten, dies jedoch zu vernünftigen Kosten.

4.5.3   Lösungsansatz

Es wurde bereits eingangs dieser Fallstudie erwähnt, daß durch den Einsatz von streuenden Schlüsseln positive Auswirkungen auf die Systemperformance zu verzeichnen sind. Aus diesem Grund sollte man an einem ausgewogenen Einsatz dieser Schlüsselkonstruktion festhalten.

Für die drei fachlichen Szenarien

- N:M-Beziehung zwischen Geschäftsobjekten

- 1:N-Beziehungen zwischen Geschäftsobjekten

- 1:N-Beziehung in einem Geschäftsobjekt

werden im folgenden pragmatische Ansätze vorgestellt.

Beziehungsentitäten für N:M-Beziehungen

Eine N:M-Beziehung zwischen Geschäftsobjekten kann nur mit Hilfe einer Beziehungsentität gelöst werden. In dem Grenzfall, daß in Kürze zu erwarten ist, daß eine 1:N-Beziehung zu einer N:M-Beziehung wird, sollte man aus Gründen der Flexibilität ebenfalls zu dieser Lösung greifen.

Fremdschlüssel für 1:N-Beziehungen

Aus Performancegründen empfiehlt es sich, eine 1:N-Beziehung zwischen Geschäftsobjekten mit Hilfe eines Fremdschlüssel-Attributs im Objekt auf der „N-Seite" zu implementieren. Auf diesem Attribut wird zur Unterstützung von Leseoperationen ein Index definiert. Der UNIQUE- und CLUSTER-Index ist bereits für den Primärschlüssel des N-Objekts vergeben.

Für den Fall, daß mehrere 1:N-Beziehungen zwischen zwei Geschäftsobjekten vorliegen, sollten mehrere Fremdschlüssel-Attribute im N-Objekt vorgesehen werden. Ein Beispiel für diesen Fall sind die folgenden 1:N-Beziehungen zwischen den Geschäftsobjekten Partner und Versicherungsvertrag: Partner als Versicherungsnehmer (VN), Partner als versicherte Person (VP), Partner als Zahlungsempfänger (ZE). Schematisch kann man die Tabellen, reduziert auf die hier relevanten Felder, folgendermaßen darstellen:

```
Partner(PT-NR, Partner-Attribute)
Vertrag(VS-NR, Vertrags-Attribute,PT-VN, PT-VP ,PT-ZE)
```

Betrachten wir schließlich die 1:N-Beziehungen innerhalb eines Geschäftsobjekts. In diesem Szenario empfiehlt es sich, daß der Primärschlüssel des Geschäftsobjekts streuend vergeben wird. Dies ist der Schlüssel der obersten Hierarchiestufe. Für die weiteren, abhängigen Hierarchiestufen sollte man zum Mittel der Schlüsselerweiterung greifen. Durch diese Konstruktion erspart man sich je einen Index auf jeder abhängigen Ebene und kann darüberhinaus den so gebildeten zusammengesetzten Primärschlüssel als UNIQUE- und CLUSTER-Index verwenden. Die Vorteile beim Lesen des gesamten Geschäftsobjekts sind offensichtlich. Über die geschilderten Vorteile hinaus eröffnet sich durch die Schlüsselvererbung auf die jeweils untergeordnete Stufe die Möglichkeit, jede Stufe unabhängig von den übergeordneten lesen zu können, da der Primärschlüssel des Geschäftsobjekts auf jeder Ebene bekannt ist. Durch die streuende Vergabe des Schlüssels des Geschäftsobjekts findet implizit eine gewisse Streuung auch auf den untergeordneten Ebenen statt, so daß auch hier keine Hot-Spots zu befürchten sind.

Zusammenfassend lassen sich die Eigenschaften dieser Lösung wie folgt beschreiben:

- Geringer REORG-Bedarf durch Streuung der ersten Index-Spalte des Clustering Index auf allen Hierarchieebenen.

- Durch die Verwendung des Clustering Index verursachen Leseoperationen auf untergeordnete Ebenen weniger GETPAGE-Requests.

- Durch die Reduzierung der Indexanzahl werden INSERT- und DELETE-Operationen weniger aufwendig.

4.6   Gegenüberstellung von Lade- und INSERT-Verfahren

4.6.1   Ausgangssituation

Beim Design von umfangreichen Verarbeitungen mit hohem Veränderungsaufkommen ist man häufig gezwungen, Performanceargumente gegen Architekturargumente abzuwägen.

In dieser Fallstudie werden die Argumente für Lade- und INSERT-Verfahren einander gegenübergestellt und einige Lösungsmöglichkeiten für Ladeverfahren aufgezeigt.

Die Gründe, ein transaktionsorientiertes Verarbeitungsverfahren mit INSERT-, UPDATE- und DELETE-Befehlen einzusetzen, liegen zum einen im durchgängigeren Design der Applikation, zum anderen in der Sicherstellung von besserer Parallelität.

Betrachten wir einige Aspekte des INSERT-/UPDATE-Verfahrens.

Konsistenz zwischen Online- und Batch-Verarbeitung

Häufig werden bestimmte Funktionalitäten sowohl im Online-Betrieb zur Verarbeitung geringer Mengen als auch im Batch bei Massenverarbeitungen benötigt. In diesem Fall ist es in der Entwicklungsphase einer Applikation vorteilhaft, wenn der Entwurf und die Realisierung dieser Funktionalität nur einmal geschehen muß. Der Aufwand für das Konzept und die Realisierung wird minimiert, inhaltlich kann man sich auf eine Implementierung konzentrieren. Gegenüber gesonderten Verfahren für Online- und Batchbetrieb ist hier die Programmierung deutlich erleichtert.

Auch für den darauf folgenden Produktionsbetrieb bietet diese Verfahrensweise Vorteile. Bei späteren Änderungen, Erweiterungen oder auch Fehlerbehebungen ist nur an einer Stelle etwas zu tun. Dadurch wird die Konsistenz der Applikation und damit die zukünftige Fehlerhäufigkeit positiv beeinflußt.

Aufgrund der identischen Verarbeitungsreihenfolge für eine Arbeitseinheit sind Online- und Batch-Verarbeitung automatisch miteinander kompatibel. Damit ist gemeint, daß die Wahrscheinlichkeit für Deadlocks bei einer Parallelverarbeitung von Online und Batch sehr gering ist. Allenfalls tauchen bei genügend hoher Last Warteschlangen auf.

Eine Verarbeitungslogik, die auf die Bewältigung kleiner Mengen ausgerichtet ist, stellt jedoch für Massenverarbeitungen nicht unbedingt die wirtschaftlichste Variante dar. Durch eine Vielzahl von INSERT-, UPDATE- und DELETE-Befehlen in einer Massenverarbeitung entsteht ein nennenswerter Overhead durch die intensive Nutzung des Log-Datasets. Verschärft wird diese Situation, wenn in der Batch-Verarbeitung zuwenig COMMIT-Befehle abgesetzt werden. Die ROLLBACK-Zeit bei Fehlersituationen kann dabei beträchtlich sein.

Prefetch bei Online und Batch

Aufgrund des auf kleine Mengen optimierten Verfahrens werden Performancefaktoren wie z. B. Sequential Prefetch so gut wie nicht genutzt. In einer Online-Verarbeitung wäre dies sogar kontraproduktiv, da bei der Nutzung solcher Funktionen ein zu hoher Overhead entsteht. Im Gegenteil, man versucht in Online-Funktionen, diese Eigenschaften durch beispielsweise die Klausel OPTIMIZE- FOR 1 ROW auszuschalten. Für einen Batch-Betrieb hat diese Maßnahme jedoch völlig negative Auswirkungen auf die Laufzeit.

Um in einem späteren Crash-Fall geringstmögliche Recoveryzeiten gewährleisten zu können, ist bei Einsatz des INSERT-/UPDATE-/DELETE-Verfahrens nach einem Massenlauf eine FULL COPY sinnvoll. Darüberhinaus kann auch ein REORG angezeigt sein, um den Zustand der Tabelle performancegünstig zu beeinflussen. In diesem Zusammenhang sei nur die Kennzahl CLUSTERRATIO erwähnt.

Kommen wir nun zur Analyse eines Lade-Verfahrens.

Argumente für ein Lade-Verfahren

Die Sicherheit dieses Verfahrens gegenüber einem INSERT-/UPDATE-/DELETE-Verfahren ist als gleichwertig einzustufen. Voraussetzung dafür ist ein genauso intensiver Test. Da ein solches Verfahren im Produktionsbetrieb grundsätzlich unter Kontrolle eines Job-Steuerungs-Systems eingesetzt wird, ist auch die Reaktion auf Fehlerfälle ebenso sicher wie im anderen Verfahren.

Gegenüber dem INSERT-Verfahren hat man es hier in den meisten Fällen mit geringeren Laufzeiten zu tun, da ein Lade-Verfahren erst ab einer gewissen Größenordnung eingesetzt wird. Die zusätzlichen Zeiten für den Unload und Load der Tabelle müssen sich mit der eingesparten Zeit, die durch den Ersatz der SQL-Befehle durch sequentielle Dateiverarbeitung entsteht, gegen die Zeiten mit direkten SQL-Befehlen rechnen. In den meisten Fällen funktioniert dies ab einer Größenordnung von mehr als 10 Prozent zu verändernder Daten.

Option LOG NO

Durch den Einsatz des Lade-Utilities mit der Option LOG NO wird das Logging der Datenbank ausgeschaltet. Der hierdurch eingesparte Overhead bedingt eine anschließende FULL COPY. Allerdings ist eine solche Verfahrensweise laufzeitgünstiger als der Gebrauch der Option LOG YES, bei der keine anschließende Si-

cherung zwingend erforderlich ist. Darüberhinaus läßt sich mit
der FULL COPY in einem Problemfall schneller ein gebrauchsfähi-
ger Zustand der Datenbank wiederherstellen.

Beim Ladeverfahren wird der entladene Bestand mit den sequentiellen Ausgaben der Anwendung zusammensortiert, bevor
er wieder in die Tabelle geladen wird. Durch diesen Schritt wird
die Tabelle implizit reorganisert, was den Antwortzeiten im Online-Betrieb zugute kommt.

höherer Testaufwand bei Ladeverfahren

Nachteilig bei einem Ladeverfahren ist die höhere Komplexität.
Anstelle der „natürlichen" SQL-Statements INSERT, UPDATE und
DELETE im Anwendungsprogramm sind zusätzliche Jobs mit DB-
Utilities und den dazugehörigen Kontrollstatements einzuplanen.
Der Testaufwand für das korrekte Ablaufen dieser Jobs ist deut-
lich höher als beim anderen Verfahren.

Ladeverfahren verhindert Konkurrenz

Gegenüber dem Verfahren mit den eingebetteten SQL-Statements
im Programm wird für den Zeitraum des Ladejobs die Tabelle für
alle anderen Zugriffe und der Sicherung für andere verändernde
Zugriffe blockiert. Dabei wird vorausgesetzt, daß beim Verfahren
mit den SQL-Statements hinreichend oft COMMIT-Punkte geschrieben werden. Sollte dies nicht der Fall sein, so findet auch hier
eine massive Behinderung anderer Requests statt. Damit ist man
wieder in der Situation, diese Blockade durch das Ladeverfahren
gegen die lange Laufzeit des anderen Verfahrens abzuwägen.
Die Vorteile durch die kürzere Laufzeit gibt es nicht umsonst.

4.6.2   Problembeschreibung

Fassen wir die potentiellen Probleme, die durch den Einsatz von
Dialogverfahren bei Massenveränderungen im Batch auftreten
können, kurz zusammen:

- Das Dialogverfahren benötigt meist eine zu hohe Laufzeit.

- Durch das Dialogverfahren entsteht manchmal eine zu hohe
  Belastung des Log-Datasets.

- Die Wiederherstellzeit einer Tabelle kann für einen Produktionsbetrieb zu hoch sein.

4.6.3   Lösungsansatz

Zunächst soll eine Lösung vorgestellt werden, die ohne den Einsatz eines Lade-Utilities bei zu hohen Laufzeiten auskommt.

Die Überlegung besteht darin, mehrere Jobs mit dem Anwendungsprogramm parallel zueinander laufen zu lassen. Dabei werden die SQL-Befehle INSERT, UPDATE und DELETE im Programm unverändert beibehalten.

Parallelisierung eines Batchprogramms

Voraussetzung für diesen Lösungsansatz ist die Vermeidung von Locking-Konflikten zwischen den Batch-Jobs. Dies wird am besten dadurch unterstützt, daß die zu verändernden Tabellen partitioniert sind und jeder der Jobs genau eine Partition bearbeitet. Dies setzt voraus, daß die Eingabedaten der Batchjobs genau nach der Partitionierung der zu verändernden Tabelle in einem vorangegangenen Job aufgeteilt wurden. Damit wird sichergestellt, daß sich die parallelisierten Programme nicht mehr auf dem Clustering Index, denn nur dieser kann partitioniert werden, in die Quere kommen können.

Deadlocks auf Sekundärindizes

Allerdings ist bei den weiteren Indizes mit Deadlocks zu rechnen. Für diese Situation sind mehrere Ansätze denkbar.

Tabellenduplikat ohne Sekundärindizes

Werden auf der Ausgabe-Tabelle nur INSERT-Operationen durchgeführt, besteht die Möglichkeit, eine Kopie von ihr permanent anzulegen. Diese Kopie besitzt nur den Clustering Index wie das Original, jedoch keine weiteren Indizes. Vor dem Start des parallelisierten Programms wird diese Tabelle geleert. Das Anwendungsprogramm wird insofern geändert, als daß es seine INSERTs auf diese Kopie und nicht mehr auf die Originaltabelle durchführt. Nach Beendigung aller parallelen Jobs wird der Inhalt dieser Tabelle in das Original eingefügt. Dies kann beispielsweise mit einem SPUFI-Batch-Job mit folgenden Kontroll-Statements geschehen:

```
INSERT INTO original
SELECT * FROM kopie
;
```

Da die Kopie der Originaltabelle die gleiche Struktur besitzt, ist diese Lösung ohne den Einsatz eines Utilities gangbar.

Löschen und Wiederaufbau der Sekundärindizes

Eine aufwendigere Alternative zum Verfahren mit der kopierten Tabelle besteht darin, zunächst die Kontroll-Statements für einen REBIND der Packages aus dem DB2-Katalog aufzubauen, die Zugriffspfade mit den Sekundärindizes der Tabelle beinhalten. Im nächsten Schritt werden die Sekundärindizes der Tabelle gedropped. Im Anschluß an diese Aktion werden die parallelen Jobs durchgeführt. Bei dieser Variante wirken die SQL-Statements natürlich auf die Original-Tabelle. Die Jobs können sich jetzt nicht mehr auf den Sekundärindizes der Tabelle gegenseitig behindern. Auf dem Clustering Index tun sie dies aufgrund der Trennung der Eingabedaten ohnehin nicht. Nach Abschluß aller parallelen Jobs werden die Sekundärindizes wieder angelegt, allerdings mit der Option DEFER. Dadurch wird lediglich der Eintrag in den DB2-Katalog verursacht, jedoch nicht der eigentliche Indexaufbau. Dies wird aus Performancegründen mit dem Utility RECOVER INDEX durchgeführt. Schließlich werden die eingangs aufgebauten Kontrollstatements zum REBIND der Packages ausgeführt. Aus Sicherheitsgründen empfiehlt sich hier genauso wie bei den anderen Verfahren eine FULL COPY.

Durch die Parallelisierung der Anwendungsprogramme tritt der positive Effekt ein, daß die benötigte Gesamtzeit deutlich reduziert werden kann, ohne daß die Tabelle wie bei reinen Ladeverfahren durch das LOAD-Utility blockiert wird.

Komponenten eines Ladeverfahrens

Betrachten wir nun den zweiten Lösungsansatz. Er stellt den reinen Fall eines Ladeverfahrens dar. Dieses Verfahren ist dadurch gekennzeichnet, daß folgende Schritte ausgeführt werden müssen:

1. Entladen der Tabellen, in denen Veränderungen durch INSERT-, UPDATE- oder DELETE-Operationen durchgeführt werden sollen.

2. Durchführung des Anwendungsprogramms. Die INSERT- und UPDATE-Operationen auf die Tabellen werden gegen WRITE-Befehle auf je eine sequentielle Ausgabedatei pro veränderter Tabelle ausgetauscht. Die DELETE-Befehle bleiben unverändert bestehen.

3. Sortierung der Ausgabe-Dateien mit den dazugehörigen Ladebeständen.

4. Zurückladen der Ausgabe-Dateien der SORT-Schritte in die entsprechenden Tabellen.

5. Sicherungen

6. RUNSTATS-Utility

7. REBIND-Utility

Folgende Anmerkungen können zu diesem Verfahren gemacht werden:

- Werden im Anwendungsprogramm keine DELETE-Operationen durchgeführt, so können die Jobs mit den Entlade-Utilities dazu parallel laufen. Werden beispielsweise in den Tabellen Historien geführt, so kann man davon ausgehen, daß keine Löschungen stattfinden.

- Sind im Anwendungsprogramm DELETE-Operationen vorhanden, so können die Entlade-Jobs erst nach dem Anwendungsprogramm laufen, in welchem die INSERT- und UPDATE-Befehle durch WRITE-Befehle ersetzt wurden. Zur besseren Zurücksetzbarkeit des gesamten Batchverfahrens empfiehlt sich eine FULL COPY vor der Ausführung des Batch-Programms. Muß das gesamte Verfahren zurückgesetzt weden, braucht so „nur" ein RECOVER-Utility zu laufen.

DELETE- Statements durch UPDATE-Statements ersetzen

Zur besseren Parallelisierung des Verfahrens lohnt sich auch hier die Überlegung, ob die DELETE-Operationen nicht durch UPDATE-Operationen ersetzt werden sollten. Das Löschen einer Zeile wird dann durch den Update eines Löschkennzeichen ersetzt, das zusätzlich in die Tabelle aufgenommen wird. Damit kann die entsprechende Tabelle parallel zur Ausführung des Anwendungsprogramms entladen werden, wodurch die Gesamtdauer des Verfahrens reduziert wird.

Kommen wir zur Sortierung. Schematisch hat der Sortier-Step folgende Gestalt:

```
//SORT       EXEC SORT
//SORTIN      DD  DISP=SHR,DSN=batch-output
//            DD  DISP=SHR,DSN=unload-data
//SORTOUT     DD  DISP=OLD,DSN=load-data
//SYSIN       DD  *
  SORT FIELDS=(......),EQUALS
  SUM FIELDS=NONE
```

Option EQUALS

In der SORT-FIELDS-Anweisung ist der UNIQUE-Index der Tabelle zu finden. Durch die Option EQUALS werden doppelte Schlüssel bezogen auf die SORT-FIELDS-Anweisung in der Reihenfolge ihres Einlesens beibehalten. Die SUM-FIELDS-Anweisung entfernt bis auf den ersten Satz zu einem mehrfach vorkommenden Schlüssel alle weiteren Sätze. Mit dieser Verwendung des Sort-Utilities werden die Updates auf einen eindeutigen Schlüssel durchgeführt.

Werden zusätzlich die DELETE-Statements wie weiter oben beschrieben durch WRITE-Befehle ersetzt, muß der Sortier-Step
durch die zusätzliche Option OMIT ergänzt werden:

```
OMIT COND=(p1,m1,f1,EQ,'L')
```

Dabei bedeuten p1 die Startposition, m1 die Länge und f1 das
Format des Löschkennzeichens im Satz. Wahrscheinlich besitzt
das Löschkennzeichen das Format CHAR(1). Durch diese Anwei-
sung werden die logisch gelöschten Sätze, die durch den Wert
„L" im Löschkennzeichen erkennbar sind, nicht in das Ausgabe-
Dataset des Sort-Steps übernommen.

Das anschließende Lade-Utility wird mit den Optionen REPLACE
und LOG NO zur Geschwindigkeitsoptimierung gestartet. Dadurch
bedingt muß noch eine Sicherung durchgeführt werden. Hier
empfiehlt sich eine FULL COPY.

Bei einem hohen Änderungsvolumen kann es angebracht sein,
im Anschluß an die FULL COPY noch das RUNSTATS-Utility und
den REBIND der betroffenen Packages laufen zu lassen. Die
durch den RUNSTATS möglicherweise stark veränderten Katalogwerte und die dadurch wiederum modifizierten Zugriffspfade
müssen sorgfältig beobachtet werden.

Hiermit ist das grundlegende Ladeverfahren beschrieben.

Über die hier beschriebenen Schritte hinaus sind folgende Modifikationen dieses Verfahrens häufiger anzutreffen.

**Kombination von
Ladeverfahren und
Parallelisierung**

Zum ersten ist eine Kombination des Ladeverfahrens mit dem
zuvor beschriebenen Parallelisieren des Batchprogramms möglich. Dies setzt eine Partitionierung der Tabelle voraus, damit die
Batchjobs ohne gegenseitige Behinderung laufen können. Durch
diese Maßnahme kann die Gesamtzeit häufig deutlich verringert
werden. Eine weitere Verfeinerung dieses Verfahrens ist die
Aufteilung der Entladejobs und der Sortierungen in mehrere
Jobs, die jeweils nur eine Partition bearbeiten. Dies setzt jedoch
fortgeschrittene Programmiertechniken voraus, die im folgenden
beschrieben werden.

**Einschränkung auf
eine Partition**

In bestimmten Fällen kann es vorkommen, daß ein Batchjob in
einem Lauf nur eine Partition verändert. Ein Beispiel für eine
solche Applikation ist ein Rechnungslauf für den jeweils aktuellen Monat, bei dem die Tabelle mit den Rechnungsinformationen
nach einem Monatsraster geclustered ist. In diesem Fall ist es
völlig ausreichend, nur die zu verändernde Partition zu entladen
und später auch wieder zu laden.

In der Praxis tritt jedoch die Schwierigkeit auf, ein solches Verfahren zu automatisieren. Müssen bei jedem Lauf die Modifikationen der Kontroll-Statement für die Utilities manuell von der Arbeitsvorbereitung in das Job-Steuerungs-System eingetragen werden, so ist dies eine riskante und fehleranfällige Implementierung.

Generierung des Kontroll-Statements durch das Anwendungsprogramm

Es hat sich in der Praxis bewährt, daß das Anwendungsprogramm die Kontroll-Statements auf der Basis seiner Eingabedaten generiert und auf Dateien schreibt. Diese Dateien werden als Kontrolldateien für die Utility-Jobs benutzt. Hierbei ist es erforderlich, daß das Batchprogramm folgende Anweisungen erzeugt:

- SELECT-Anweisung für das Entladen einer Partition

- Lade-Anweisung für das Laden einer Partition der Tabelle

```
LOAD DATA LOG NO INTO table PART n REPLACE
```

- COPY-Anweisung für das Sichern der Partition des Tablespaces

```
COPY tablespace DSNUM n FULL YES
```

Dadurch, daß das Anwendungsprogramm das Kontrollstatement für den Entladejob generiert, kann dieser erst nach dem Anwendungsprogramm laufen. Auch hier ist der Zeitgewinn durch das Entladen nur einer Partition gegen den Vorteil der Parallelisierung bei dem anderen Verfahren abzuwägen. Erst bei sehr großen Tabellen mit vielen Partitions wird sich dieses Verfahren rechnen. Beispielsweise wurde eine solche Vorgehensweise bei einer Tabelle mit einer Zielgröße von 80 Millionen Zeilen und 16 Partitions angewendet.

Die übrigen Schritte des selektiven Verfahrens entsprechen denen des vollständigen Ladeverfahrens.

5 Tuning

5.1 Unvermeidbarkeit von Tuning-Maßnahmen

In den vorangegangenen Kapiteln wurden zahlreiche Maßnahmen beschrieben, mit denen Anwendungssysteme unter Einsatz von DB2 derart entwickelt werden können, daß sie relativ wenig Performance-Probleme verursachen dürften.

Dennoch wird sich immer wieder die Notwendigkeit ergeben, kurzfristig Tuning-Maßnahmen durchzuführen. Zwei häufige Situationen hierfür sollen kurz diskutiert werden. Es sind zum einen Releasewechsel und zum anderen ein verändertes Benutzerverhalten.

Tuning aufgrund Releasewechsel

Bei Releasewechseln hat sich wiederholt gezeigt, daß der Optimizer, der die Wahl der Zugriffspfade trifft, massiv verändert – d. h. im allgemeinen verbessert – worden ist. Dadurch können Tuning-Maßnahmen, die für die bisherige Version des Optimizer getroffen wurden, obsolet werden und in Einzelfällen die Performance sogar verschlechtern. In diesen Fällen ist es besonders wichtig, daß die Tuning-Maßnahmen gut und gleichzeitig leicht erreichbar dokumentiert sind.

Änderung des Benutzerverhaltens

Nun zum Benutzerverhalten. Weiter oben wurde dargelegt, daß Performance-Maßnahmen nur dann Sinn machen und positive Effekte erwirken können, wenn Wichtigkeit beziehungsweise Häufigkeit von Zugriffen in die Überlegungen eingeflossen sind. Sobald sich diese Eckwerte ändern, sind die nunmehr wichtigen bzw. kritischen Zugriffe zu tunen.

5.2   Wirtschaftliches Verfahren mit ABC-Analyse

In Situationen, in denen Performance-Probleme herrschen, besteht ein hoher Druck auf die beteiligten Stellen Anwendungsentwicklung und Systemtechnik, die eingetretenen Probleme zu lösen. Einerseits soll die Problemlösung aus Sicht der Anwender sehr kurzfristig erfolgen – sie können sonst ihrer Arbeit nicht so wirtschaftlich nachkommen, wie es eigentlich erforderlich ist – andererseits soll die Lösung des Problems preiswert sein. Durch beide Forderungen wird ein wirtschaftliches Verfahren impliziert.

Ein solches, in der Betriebswirtschaft bekanntes Standardverfahren ist die ABC-Analyse. Dieses Prinzip postuliert, daß 80 Prozent der Ressourcen von lediglich 20 Prozent der Verbraucher benötigt werden.

Systemlast
konzentriert sich
auf wenige
Transaktionen

Auf unsere Situation übertragen bedeutet dies, daß sehr wenige Transaktionen einen Großteil der Ressourcen verbrauchen. Durch das Tuning genau dieser Transaktionen kann der höchste erzielbare Effekt bei gleichzeitig geringstem Aufwand errreicht werden.

Im nachfolgend beschriebenen Verfahren geht es darum, diese großen Ressourcenverbraucher schnellstmöglich zu ermitteln und einem Tuning zu unterziehen.

Die Rahmenbedingungen für dieses Verfahren, das in einem Tuning-Projekt entwickelt und in weiteren nachfolgenden Projekten verfeinert wurde, stellten sich in einer Dialog-Produktionsumgebung wie folgt dar:

- MVS

- DB2

- CICS

- Für kleine Programmgruppen, d. h. im allgemeinen weniger als 10 Programme, wurde jeweils ein Transaktionscode im CICS vergeben.

5.3   Reihenfolge der Aktivitäten

5.3.1   Erster Schritt: Bereitstellung von Informationen

Aus Statistiksystemen wie beispielsweise dem CICS-Manager oder dem MICS werden die folgenden Informationen je Transaktionscode ermittelt:

- Anzahl Aufrufe pro Tag,

- Summe CPU-Zeit (incl. DB2-Zeit),

- CPU-Zeit pro Transaktion,

- schlechteste Transaktionen pro Tag.

Über diese Daten wird eine Zeitreihe aus ca. 10 Tagen gelegt. Da diese Informationen meistens in Generations-Datasets vorhanden sind, tritt eine Verzögerung der Maßnahmen durch die Bildung der Zeitreihe nicht ein. Als positiver Effekt ist jedoch die Eliminierung von Ausreißern zu nennen.

Mit diesen Informationen werden zwei Hitlisten gebildet::

- eine nach Summe der CPU-Zeit,

- eine nach „schlechteste Transaktion".

Die wichtigere Hiltliste ist jedoch die nach CPU-Zeit, da die zweite Auswertung trotz Zeitreihenbildung Aussagen über Ausreißer macht.

Tuning-Maßnahmen nur für wenige Transaktionen

Die Tuning-Maßnahmen sollten sich auf die größten fünf bis zehn Ressourcenverbraucher konzentrieren. Kann beispielsweise eine Transaktion, die täglich 20.000 CPU-Sekunden verbraucht, um 10% getuned werden, so erzielt man eine Einsparung von 2.000 CPU-Sekunden. Dieser Effekt ist sicherlich höher zu bewerten als das Tuning einer Transaktion, die täglich 1.000 CPU-Sekunden verbraucht, mit einem Tuning-Faktor von 50%.

5.3.2   Zweiter Schritt: Erstellung von Zugriffsprofilen

Mit der ersten Aktivität sind die Tuning-Kandidaten ermittelt. Dabei wird noch keine Aussage darüber getroffen, ob die gefundenen Transaktionen „gut" oder „schlecht" sind, denn der Maßstab für deren Qualität wurde bisher nicht betrachtet. Er liegt in den meisten Fällen auch nicht vor, muß aber für die weiteren Schritte erstellt werden.

<table>
<tr><td valign="top">Zugriffsprofil</td><td>

Ein solcher praktikabler Maßstab wäre das Zugriffsprofil, das in den vorigen Kapiteln vorgestellt wurde. Mit dem Zugriffsprofil wird die Vorstellung des Entwicklers dokumentiert, wie eine Transaktion auf die Daten zugreifen soll, d. h. welche Zugriffspfade der Optimizer bei den SQL-Statements unter Verwendung der Indizes wählen sollte.

</td></tr>
</table>

5.3.3 Dritter Schritt: Analyse von Zugriffsprofil und Explain

Werden nun die Aussagen des Zugriffsprofils dem Explain des Package gegenübergestellt, erhält man in praktisch allen Fällen die Ansatzpunkte für die weiteren Tuningaktivitäten. Die Transaktionen, deren tatsächliche Zugriffspfade dem Explain entsprechen, werden nun zunächst bei den weiteren Aktivitäten zurückgestellt, denn sie arbeiten genau so, wie sie ursprünglich vom Entwickler designed wurden. Bei den anderen Transaktionen ist zu prüfen, warum sie aus DB2-Sicht anders arbeiten als vorgesehen.

5.3.4 Vierter Schritt: Analyse der Tuningkandidaten

Nachdem in den ersten drei Schritten die Tuning-Kandidaten ausgewählt wurden, kann nun die eigentliche Untersuchung beginnen. Die Reihenfolge der Tuningmaßnahmen für diese Transaktionen stellt sich unter Berücksichtigung des dafür zu betreibenden Aufwands wie folgt dar:

Untersuchung der SQL-Statements

<table>
<tr><td valign="top">Hinweise zur SQL-
Formulierung im
Administration Guide</td><td>

Stimmen Soll-Zugriffsprofil und Explain, d. h. der tatsächliche Zugriffspfad nicht überein, so sind die „einfachsten" Ursachen vielfach in der Formulierung des SQL-Statements zu finden. Durch eine aus Sicht des Optimizers „günstigere" Kombination der WHERE-Bedingungen wie z. B. das Ersetzen von OR-Verknüpfungen durch Verwendung der BETWEEN- oder IN-Klausel muß versucht werden, den geplanten Zugriffspfad zu erreichen. Detaillierte Informationen, welche Statements möglichst zu vermeiden sind, finden sich insbesondere im Administration Guide. Dort werden die WHERE-Bedingungen danach klassifiziert, wie aufwendig sie sind, d.h. inwieweit eine Indexnutzung überhaupt möglich ist. Man sollte vorsichtig sein, kategorische Aussagen wie beispielsweise „OR-Verknüpfungen sind grundsätzlich schlecht" zu treffen. Die Auflösung der SQL-Statements ist vom Release und der Version des Optimizers abhängig. Deshalb ist eine Orientierung am aktuell eingesetzten Release unbedingt erforderlich. Daher macht es wenig Sinn, vollständige Aussagen

</td></tr>
</table>

über die Festlegung der Zugriffspfade an dieser Stelle für alle Zeiten festzulegen.

Dennoch sollen einige Beispiele für aufwendige Befehle angeführt werden, die in unserer Arbeit wiederholt anzutreffen waren.

nur die benötigten Spalten qualifizieren

Vielfach werden zuviele Spalten in der SELECT-Liste oder im UP-DATE-Befehl qualifiziert. Wenn man sich vor Augen hält, daß für jedes Feld in der SELECT-Liste ca. 2.000 Instruktionen durchgeführt werden, so ist hier schon ein erstes Tuning-Potential erkennbar, denn nur in den seltensten Fällen werden alle Columns der Row benötigt. In diese Kategorie fällt auch folgende Formulierung eines SQL-Statements:

```
SELECT id
       ,weitere felder
FROM   tabelle
WHERE id = :hv-id
```

Das Feld id muß nicht in die SELECT-Liste aufgenommen werden, da es bereits über die Host-Variable eindeutig qualifiziert ist. Dagegen ist die folgende Formulierung korrekt:

```
SELECT
       id
     ,weitere felder
FROM
       tabelle
WHERE
       id BETWEEN :hv-id-low AND :hv-id-high
```

Angabe aller Selektions-Bedingungen

In den SQL-Statements werden die Suchbedingungen zuwenig qualifiziert. In diesem Falle werden nach Ausführung des Statements die nicht benötigten Rows per IF-Anweisung, also mit Programmlogik übergangen. Bei dieser Art von Programmierung werden überflüssige IOs durchgeführt, da man dem Optimizer keine Chance gibt, seiner Arbeit nachzukommen. Als Faustregel kann gelten, dem Optimizer so viele Informationen wie möglich mitzugeben, damit die Anzahl der IOs minimiert werden kann.

Subqueries möglichst vermeiden

Es werden Subqueries durchgeführt. Die Subqueries können in praktisch allen Fällen durch Joins ersetzt werden. Bei Joins werden vom Optimizer im allgemeinen günstigere Zugriffspfade gewählt.

Typische Indikatoren im Explain für problematische SQL-Befehle sind Tablespace- bzw. Index-Scan, Sortierungen bei umfangreichen Fundmengen, die Nutzung anderer als der geplanten Indizes sowie die Nutzung von zuwenig Index-Columns.

Mit wiederholten Explains und Lauftests kann durch diese Maßnahme die Performance von Transaktionen wiederhergestellt oder überhaupt erst erreicht werden. Die Vorteile dieser Klasse von Tuning-Maßnahmen sind der verhältnismäßig geringe Aufwand und vor allem die lokale Begrenzung auf die bearbeitete Transaktion. Negative Einflüsse auf andere Transaktionen sind durch diese Maßnahme nicht zu befürchten.

Untersuchung des Zustands der Datenbank

Der nächste Untersuchungsschritt – abgeleitet aus dem zu betreibenden Aufwand – ist die Untersuchung des Datenbank-Zustands, sofern der oben geschilderte Schritt nicht die gewünschten Effekte erzielt hat.

Sind die Katalogwerte gepflegt?

Für die von den zur Auswahl stehenden Transaktionen benötigten Tabellen ist zu prüfen, ob überhaupt ein RUNSTATS-Utility vor dem letzten Bind gefahren wurde. Fälle dieser Art sind durchaus vorgekommen. Das Ergebnis waren dramatische Verbesserungen der Antwortzeiten.

Reorganisationsgrad der Tabelle prüfen

Eine andere, häufig anzutreffende Problemursache ist der desorganisierte bis desolate Zustand der Tabellen. Eine häufig anzutreffende Problemursache ist das fehlende REORG-Verfahren. Dadurch verschlechtert sich bei allen Tables – es sei denn, sie sind reine Auskunftstabellen und werden ausschließlich per Utility geladen – sukzessive der Organisationsgrad. Fällt die CLUSTERRATIO, die im DB2-Katalog einzusehen ist, unter 95%, schaltet der Optimizer auf andere, weniger effiziente Zugriffspfade um. Nachfolgend ein Musterquery für die Ermittlung der CLUSTERRATIO von reorganisationsbedürftigen Indizes:

```
SELECT
        NAME
       ,CREATOR
       ,TBNAME
       ,TBCREATOR
       ,COLCOUNT
       ,CLUSTERING
       ,CLUSTERED
       ,CLUSTERRATIO
FROM
        SYSIBM.SYSINDEXES
```

```
WHERE
       CLUSTERING = 'Y'
AND    CLUSTERED  = 'N'
```

Diese Klasse von Performanceproblemen ist durch regelmäßige REORG-Läufe zu beheben. Eine wichtige Maßgröße für deren Frequenz ist die oben erwähnte CLUSTERRATIO.

Diese Maßnahme wiederum ist in ihrer Auswirkung nicht mehr so lokal wie eine Optimierung eines SQL-Statements. Daher ist immer zu prüfen, ob bei den anderen Zugriffen auf die reorganisierte Tabelle negative Einflüsse wirksam geworden sind. Fälle, in denen dies geschehen ist, sind etwa Zugriffe auf Tabellen, deren Katalogeinträge in der Produktionsumgebung manipuliert worden sind.

Analyse des Index-Designs

Konnte mit der Untersuchung der beiden ersten Klassen von Problemursachen keine Lösung erzielt werden, so schließt sich als nächster Tuningschritt die Überprüfung des Index-Designs an.

In den vorigen Kapiteln wurde dargelegt, welche prinzipiellen Designgrundsätze für die Wahl der Indizes gelten. Ein Unique-Index wird benötigt, wenn die Eindeutigkeit der Tabellenzeilen bezogen auf diese Felder sichergestellt werden soll, d. h. wenn das DB2 bei einer Verletzung dieser Regel einen Returncode melden soll. Alle weiteren Indizes, die nicht unique sind, sind Performance-Indizes, d. h. sie unterstützen bestimmte Cursorzugriffe bzw. ermöglichen erst wirtschaftliche Joins. Der Clustering-Index unterstützt den wichtigsten bzw. kritischsten Cursorzugriff. Insbesondere der Clustering-Index reduziert die tatsächlich durchgeführten IO-Operationen.

In diesem Schritt ist zu prüfen, ob die vorhandenen Indizes den gerade erwähnten Grundsätzen folgen oder ob eine Revision des Indexdesigns erforderlich ist.

Typische Problemursachen sind ein nicht geeigneter Clustering-Index, nicht genutze Indizes sowie, überlappend zum zweiten Punkt, ungünstige Index-Optionen wie z. B. zuwenig PCTFREE bei insertintensiven Tabellen.

Redesign von Indizes hat globale Auswirkungen

Auch hier sind wie im zweiten Punkt die Auswirkungen der getroffenen Maßnahmen eher globaler Natur. Das bedeutet, daß grundsätzlich zu prüfen ist, ob die Performance aller auf die Tabelle zugreifenden SQL-Statements weiterhin gewährleistet ist.

Ein Großteil der Performance-Probleme ist nach den Erfahrungen aus mehreren Tuning-Projekten, in denen nach dieser Methode vorgegangen wurde, mit den bisher geschilderten Maßnahmen gelöst. In diesen Projekten hat sich die eingangs genannte 80:20-Regel in der Praxis bestätigt. Für den nächsten Tuning-Kandidaten auf der „Hitliste" wird wieder bei Punkt 1 gestartet.

Dennoch gibt es Fälle, die mit den bisher geschilderten Maßnahmen nicht in den Griff zu bekommen waren. Für diese Transaktionen werden im folgenden weitere Tuning-Schritte geschildert. Häufig sind dies Transaktionen, die einen hohen CPU-Zeit-Verbrauch besitzen und gleichzeitig Übereinstimmung zwischen Zugriffsprofil und Explain aufweisen.

Untersuchung der Programmlogik

Sollten die bisher vorgenommenen Untersuchungen keinen Hinweis auf die Problemursache geliefert bzw. nicht die erforderlichen Effekte erzielt haben, ist die Programmlogik zu untersuchen.

Zu diesem Zeitpunkt beginnen die Tuning-Maßnahmen aufwendig zu werden. Ergibt sich nämlich eine Änderung der Ablauflogik des Programms, sind umfangreiche Tests vor einer erneuten Produktionsübergabe erforderlich.

In mehreren Tuningprojekten hat sich gezeigt, daß folgende zwei Ursachen gehäuft auftreten:

- Die SQL-Statements werden häufiger ausgeführt als nötig. Dies kann sich z. B. darin äußern, daß Zugriffsmodule, in denen die SQL-Befehle codiert sind, zu häufig aufgerufen werden.

- Die zweite, ebenfalls häufiger aufgetretene Ursache ist die Ausführung von Einzel-SELECTs anstelle eines Cursors.

Solche Problemursachen sind aus den bisherigen Untersuchungen nicht leicht zu erkennen. Ein Explain würde beispielsweise ein Einzel-SELECT als optimal einstufen. Aus ihm ist aber nicht ersichtlich, daß sich der Zugriff in einer Schleife befindet. Eine Hilfe bei der Analyse dieses Problems ist das Zugriffsprofil, in dem auch die Verbindung zwischen Programmablauflogik und Datenbankzugriff transparent gemacht wird.

Änderung der fachlichen Anforderungen an die Transaktion

Sollten alle bisher genannten Untersuchungen zu keiner Lösung geführt haben und die Antwortzeit dennoch nicht akzeptabel sein, so ist wohl zu überlegen, ob das fachliche Design überhaupt noch einen Dialog darstellt oder ob versucht wurde, eine Batchverarbeitung in einer Transaktion abzubilden.

Ein Lösungsansatz wäre z. B. die Implementierung einer Dialogverarbeitung, in dem die Anforderungen für die Batchverarbeitung lediglich in eine Steuerungstabelle eingestellt werden. Eine weitere Lösungsmöglichkeit wäre die Initiierung einer asynchronen Batchverarbeitung.

5.4   Aufwand des Tuning

Nach der wiederholten Durchführung solcher Projekte hat sich gezeigt, daß ein Tuning mit diesem Verfahren verhältnismäßig kostengünstig durchgeführt werden kann.

Das Tuning mehrerer Anwendungssysteme, die einen Entwicklungsaufwand von ca. 30 Mannjahren benötigt haben, konnte mit einem Budget von ca. 1,5 Mannjahren abgeschlossen werden. In einem weiteren Beispiel wurden ebenfalls etwa 5% des ursprünglichen Entwicklungsbudgets für die Tuning-Maßnahmen benötigt. Die Laufzeit des ersten Projekts betrug mit einem Projektteam von durchschnittlich 3 Mitarbeitern etwa ein dreiviertel Jahr. Dabei waren diese Mitarbeiter nicht fulltime eingesetzt.

5.5 Aufwandsminimierung für zukünftige Tuning-Maßnahmen

Information über
Problemursachen

Die Erfahrungen aus dem ersten Tuningprojekt haben zunächst dazu geführt, daß die gefundenen Problemursachen im Rahmen des Projektabschlußberichts katalogisiert und im Anschluß daran klassifiziert worden sind. Diese Ergebnisse wurden in eine Checkliste für die Anwendungsentwicklung übernommen und in einer Informationsveranstaltung den Entwicklern vorgestellt und mit ihnen diskutiert. Die weiteren, weiter oben bereits vorgestellten Komponenten Anwendungsszenario und Zugriffsprofil wurden in der Zusammenarbeit einiger Anwendungsentwickler mit den Datenbankadministratoren weiter verfeinert. Für diese Hilfsmittel gilt jedoch, daß sie ohne eine Toolunterstützung kaum handhabbar sind.

Insgesamt hat sich in weiteren Tuning-Aktivitäten und -Projekten gezeigt, daß diese Vorgehensweise wirtschaftlich zu schnellen Problemlösungen führt. Eine Optimierung des Verfahrens ist jedoch in der Hinsicht anzustreben, daß den Entwicklern die Problemursachen ständig bewußt sind.

5.6 Anpassung des Vorgehensmodells

Durch den Rückfluß der im Tuning gewonnenen Erkenntnisse in Aktivitäten des Vorgehensmodells werden die zukünftigen Problemkreise minimiert. Das geschieht einerseits dadurch, daß konstruktive Maßnahmen wie Checklisten sowie frühzeitige und umfangreiche Unterstützung der Projekte durch DBAs ergriffen werden, andererseits durch Qualitätssicherungsmaßnahmen wie Programmreviews in Hinblick auf die SQL-Statements oder Explains unmittelbar vor Produktionseinführungen.

Sowohl konstruktive als auch nachträgliche kontrollierende Maßnahmen müssen als Aktivitäten Bestandteile des Vorgehensmodells sein, denn sonst werden sie in Projektplanungen überhaupt nicht oder unzureichend berücksichtigt. Durch eine zeitgerechte Planung und natürlich auch Durchführung der QS-Maßnahmen können die meisten der oben genannten Performanceprobleme vermieden werden.

5.7   Mitarbeiterausbildung

frühzeitige Einbeziehung eines DBA

Ein weithin unterschätztes Thema ist die Mitarbeiterausbildung. Es hat sich gezeigt, daß durch Kurzdiskussion von Problempunkten kein nachhaltiger Effekt erzielt werden kann. Die Ergebnisse, die in Checklisten gesammelt werden, werden bei dieser Vorgehensweise nicht zum aktiven Wissen der Entwickler. Eine bessere Methode ist, wie oben bereits erwähnt, eine frühzeitige Einbeziehung der DBAs in die Projekte. Bei dieser Verfahrensweise kann ein DBA zusammen mit dem Entwickler Probleme am aktuell formulierten Statement beziehungsweise am Programm erkennen und lösen. Insbesondere der Entwickler ist motivierter, weil nicht irgendein Beispiel analysiert wird, sondern sein Programm. Bei der intensiven gemeinsamen Analyse einzelner Statements wird dem Entwickler auch die Arbeitsweise des Optimizers aufgrund der Einflußfaktoren wie z. B. Katalogeinträge deutlicher. Diese Arbeitsweise setzt jedoch ein entsprechendes Grundwissen über interne Verarbeitungen des Optimizers voraus. Daher ist es wichtig, daß klare Vorstellungen z. B. über unterschiedliche Arbeitsweise und Konsequenzen von beispielsweise Merge-Scan- und Nested-Loop-Joins den Entwicklern vermittelt werden.

5.8   Messung des Tuning-Ergebnisses/Erfolgs

Bei der Messung des Erfolgs von Tuningmaßnahmen sind einige Randbedingungen zu beachten.

Das wohl am besten quantifizierbare Meßkriterium ist die Prozessorbelastung. Die Antwortzeit korreliert zwar im allgemeinen hiermit, allerdings gibt es für sie weitere Einflußfaktoren, auf die man beim Tuning weniger Einfluß hat. Beispielsweise können bestimmte Batch-Läufe, die tagsüber parallel zum Online-Betrieb laufen, negative Einflüsse insofern auf die Transaktionen wirken lassen, als daß die CPU-Verbräuche nicht, aber die Elapsed-Zeiten erhöht werden.

Mit der eingangs beschriebenen Konstellation, daß für wenige Programme jeweils ein Transaktionscode eingerichtet ist, ist die Meßbarkeit des Tuning-Effekts leichter gegeben. Durch die Gegenüberstellung der Transaktions-CPU-Zeiten, die auch die CPU-Zeiten im DB2 umfassen, vor und nach den Tuning-Maßnahmen ist der Erfolg der Aktivitäten mit geringem Aufwand nachweisbar. Allerdings muß insbesondere bei Änderungen des Index-Designs auf die Seiteneffekte bei anderen Transaktionen geachtet werden, damit der Tuning-Faktor korrekt bestimmt wird. In einem Tuningprojekt mit einem Aufwand von ca. zwei Personenjahren konnte bei einer 6-Prozessor-Maschine rechnerisch ein kompletter Prozessor freigesetzt werden.

Worin liegen nun die Probleme der Messung oder was bedeutet „rechnerisch"? Bei Verbesserungen des Antwortzeitverhaltens kann der Endanwender endlich wieder richtig arbeiten. Das bedeutet, daß eine Steigerung des Transaktionsvolumens zu verzeichnen ist. Daher ist bei diesen Berechnungen darauf zu achten, daß die CPU-Zeiten vor und nach dem Tuning vergleichbar sind. Die neuen CPU-Zeiten müssen also auf das alte Mengengerüst normiert werden. Wird dieser Schritt versäumt, ist ein Erfolg und damit auch die Wirtschaftlichkeit des Tuningprojekts kaum noch nachweisbar.

6 Checklisten

6.1 Checkliste für die Anwendungsentwicklung

6.1.1 Aufgaben der Anwendungsentwickler

- Mitarbeit im fachlichen Feinkonzept
- Erstellung DV-Konzept mit Unterstützung durch DBA-Gruppe
- Physisches Anwendungsdesign
    - physische Datenmodellierung
    - IO-Minimierung
    - Vermeidung von Deadlocksituationen durch geeignete Indizes
    - sparsamer Umgang mit Indizes
    - eigenständiges Design von Batch-Abläufen
- Reorganisationsläufe (fachlich, technisch) fest einplanen, dynamische Durchführung schlecht planbar
- Erstellung der Zugriffsprofile
- Programmierung, Test, Einführung
- Bereitstellung eines Projekt-DBA

6.1.2 Vermeidung aufwendiger Befehle

- grundsätzliches Ziel ist IO-Minimierung
- grundsätzlich Beachten der Versions-/Release-Abhängigkeiten
- Beeinflussung der IO-Aktivitäten durch Sequential/List Prefetch sinnvoll nutzen
- Arbeitsweise von Joins
- Implikationen des SELECT *
- Anzahl Instruktionen bei SELECT
- Tablespace-Scan: wann ist er gefährlich bzw. nicht erwünscht?

6.1.3 Nutzung weiterführender Literatur

- Administration Guide
- Command and Utility Guide
- Red Books
- siehe auch Literaturverzeichnis

6.1.4 Kenntnisstand der Programmierer

- Ausbildung der Software-Entwickler, Schulungen
- Sensibilisierung der Software-Entwickler bzgl. IO bei IMS-Programmierern
- Umgang mit Explain

6.1.5 Weitere Problemursachen

- Locking von Ressourcen durch Test-Tools beim Setzen von Breakpoints

6.2   Aufgaben einer DBA-Gruppe

6.2.1   Service für die Anwendungsentwicklung

- Bereitstellung von Tools rund ums DB2 für die Anwendungs-entwicklung, z. B. Explain-Verfahren

6.2.2   Festlegung von Standards und Konventionen

- Berechtigungs-Standards
- Namens-Konventionen
- Plan-Standard-Optionen
- Einsatz von DDF (Distributed Data Facility)
- Einsatz von RI (Referential Integrity)
- Storage-Groups vs. User-Defined-Cluster

6.2.3   Überwachung der Produktionssysteme

- Kontrolle der REORG-Stände
- Generelle Prüfung der Systembelastung

6.2.4   Qualitätssicherung

- Abnahme von physischen Datenmodellen

6.3   Anwendungsszenario

Anwendungsszenario				
Anwendungssystem			**Datum**	
			Anzahl Aufrufe (Soll) pro	
Vorgang	Vorgangsstep	Programm	Tag	Monat
		Gesamtanzahl		

6.4   Zugriffsprofil

Zugriffsprofil								
Programm					**Datum**			
⇐		Soll		⇒	⇐		Ist	⇒
SQL	Anzahl Aufrufe / Verarbeitungseinheit 1.	Tables in Soll-Reihenfolge	Anzahl gelesene Pages 2.	1. x 2. x 0.02	Anzahl Aufrufe / Verarbeitungseinheit 3.	Tables in Ist-Reihenfolge	Anzahl gelesene Pages 4.	3. x 4. x 0.02
Laufzeit (Näherung)								

6.5 Checkliste zum Systemdesign

6.5.1 Anwendungssystem

- Anwendungs-Szenario erstellen, d. h. Anzahl geplanter Aufrufe für jeden Vorgang und Vorgangsschritt mit der auftraggebenden Stelle ermitteln und zusammenstellen

- regelmäßige Plattenplatzüberprüfungen nach Produktionseinführung, einmal jährlich

6.5.2 Programm-Design

- Zugriffsprofil für jedes Hauptprogramm erstellen unter Berücksichtigung der Programmlogik

  - Anzahl Aufrufe eines SQLs pro Verarbeitungseinheit

  - Anzahl gelesene Pages pro SQL-Aufruf

  - Anzahl erwartete Rows pro SQL-Aufruf

- Explain für jedes Zugriffsmodul unter Produktionsbedingungen

  - Vorsicht bei Index-, Tablespace-Scan

  - Einordnung des SQLs in Kostenklasse (am besten mit entsprechenden DBA-Tools)

- SQL-Nutzung (abhängig vom Release-Stand, siehe Administration Guide)

  - möglichst nur Stage1- und Stage2-Prädikate verwenden

  - nur benötigte Felder in SELECT-Klausel angeben, niemals SELECT *

  - Joins statt Subqueries verwenden

  - Join mit Concatenation mehrerer Join-Kriterien führt zu TS-Scan!

  - Index-Only möglich?

  - ORDER BY, GROUP BY möglichst nur mit Clustering Index

  - möglichst kein DISTINCT, da Sort impliziert wird

- Vorsicht bei NOT

- LIKE nicht mit % beginnen

- OR mit = verwenden, sonst Gefahr von TS-Scans

6.5.3   Job-Design

- Prüfen, ob Parallelisierung sinnvoll/erforderlich

- Einsatz von Ladeverfahren

- Einsatz von Sequential/List-Prefetch

6.5.4   Datenbank-Design

- für jede große bzw. änderungshäufige Table REORG-Verfahren einrichten

  - technischer Reorg (Utility)

  - fachlicher Reorg (Auslagerung von Sätzen)

- Clustering-Index nach häufigstem/kritischstem Zugriff definieren; also keine Automatik Clustering-Index = Unique-Index

- sparsam mit Indizes umgehen bei Dialog-Systemen

  - bei kleinen Tables: Ist Index überhaupt nötig?

  - für reine Auskunftssysteme ist dieser Punkt nicht relevant

- hohe Selektivität der Indizes anstreben; möglichst schon in der 1. Index-Column

- So clustern (mit entsprechend Freespace-Parameter), daß Deadlocks vermieden werden; also kein Timestamp/Date in die erste Index-Column bei Insert-intensiven Tables

- Werden überhaupt alle Indizes genutzt?

- Index auf Join-Kriterium der inneren Tabelle legen

6.6   Auswertung des DB2-Katalogs nach kritischen Objekten

Im folgenden sind beispielhaft einige SQL-Queries zu finden, die
den DB2-Katalog nach kritischen Objekten durchsuchen. Es ist
sinnvoll, diese Queries in QMF einzubinden, da dort zur besseren Lesbarkeit passende Formulare definiert werden können.

6.6.1   Kritische Tabellen

Die möglichen Indikatoren für kritische Tabellen werden in den
folgenden Queries abgeprüft:

* Die Tabelle besitzt nur eine Spalte

* Die Tabelle besitzt nur wenige Zeilen

* Für die Tabelle wurde kein RUNSTATS-Utility gefahren

* Die Tabelle besitzt keinen Index

* Die Tabelle besitzt mehr als drei Indizes

```
SELECT
     C.NAME
     ,C.CREATOR
     ,C.DBNAME
     ,C.TSNAME
     ,C.COLCOUNT
     ,C.CARD
     ,C.NPAGES
     ,C.PCTPAGES
     ,C.RECLENGTH - 8
     ,C.ALTEREDTS
     ,C.STATSTIME
     ,COUNT(*)
FROM SYSIBM.SYSTABLES  C
     ,SYSIBM.SYSINDEXES I
WHERE   C.TYPE       = 'T'
AND     I.TBNAME = C.NAME
AND     I.TBCREATOR = C.CREATOR
AND     (C.COLCOUNT  = 1
   OR   C.CARD       < 10
   OR   C.STATSTIME = '0001-01-01-00.00.00.000000'
        )
GROUP BY
     C.NAME
     ,C.CREATOR
     ,C.DBNAME
```

```
     ,C.TSNAME
     ,C.COLCOUNT
     ,C.CARD
     ,C.NPAGES
     ,C.PCTPAGES
     ,C.RECLENGTH
     ,C.ALTEREDTS
     ,C.STATSTIME
ORDER BY C.CREATOR
         ,C.DBNAME
         ,C.NAME
```

```
SELECT
     C.NAME
    ,C.CREATOR
    ,C.DBNAME
    ,C.TSNAME
    ,C.COLCOUNT
    ,C.CARD
    ,C.NPAGES
    ,C.PCTPAGES
    ,C.RECLENGTH - 8
    ,C.ALTEREDTS
    ,C.STATSTIME
FROM SYSIBM.SYSTABLES  C
WHERE  C.TYPE       = 'T'
AND NOT EXISTS (SELECT I.NAME
               FROM    SYSIBM.SYSINDEXES I
               WHERE   I.TBNAME = C.NAME
               AND     I.TBCREATOR = C.CREATOR
              )
ORDER BY C.CREATOR
         ,C.DBNAME
         ,C.NAME
```

```
SELECT
      C.NAME
     ,C.CREATOR
     ,C.DBNAME
     ,C.TSNAME
     ,C.COLCOUNT
     ,C.CARD
     ,C.NPAGES
     ,C.PCTPAGES
     ,C.RECLENGTH - 8
     ,C.ALTEREDTS
     ,C.STATSTIME
     ,COUNT(*)
FROM SYSIBM.SYSTABLES  C
     ,SYSIBM.SYSINDEXES I
WHERE  C.TYPE        = 'T'
AND    I.TBNAME = C.NAME
AND    I.TBCREATOR = C.CREATOR
GROUP BY
     C.NAME
     ,C.CREATOR
     ,C.DBNAME
     ,C.TSNAME
     ,C.COLCOUNT
     ,C.CARD
     ,C.NPAGES
     ,C.PCTPAGES
     ,C.RECLENGTH
     ,C.ALTEREDTS
     ,C.STATSTIME
HAVING COUNT(*) > 3
ORDER BY C.CREATOR
         ,C.DBNAME
         ,C.NAME
```

6.6.2   Kritische Tablespaces

Kritische Tablespaces sind dadurch gekennzeichnet, daß für sie kein RUNSTATS gefahren wurde.

```
SELECT  C.NAME
       ,C.CREATOR
       ,C.DBNAME
       ,C.LOCKRULE
       ,C.NTABLES
       ,C.NACTIVE
       ,C.SPACE
       ,C.SEGSIZE
       ,D.PARTITION
       ,D.FREEPAGE
       ,D.PCTFREE
       ,D.PQTY
       ,D.SQTY
       ,C.STATSTIME
FROM SYSIBM.SYSTABLESPACE C
    ,SYSIBM.SYSTABLEPART  D
WHERE C.NAME    = D.TSNAME
  AND C.DBNAME = D.DBNAME
  AND C.STATSTIME = '0001-01-01-00.00.00.000000'
ORDER BY C.CREATOR
        ,C.DBNAME
        ,C.NAME
        ,D.PARTITION
```

6.6.3   Kritische Indizes

Hinweise auf kritische Indizes können sein:

- Index ist als Clustering Index definiert, er ist jedoch nicht clustered

- Index ist nicht als Clustering Index definiert, er ist jedoch clustered

- Geringe Kardinalität der ersten Indexspalte

- Indexlevel ist größer als 3

```
SELECT C.NAME
       ,C.CREATOR
       ,C.TBNAME
       ,C.TBCREATOR
       ,C.UNIQUERULE
       ,C.COLCOUNT
       ,C.CLUSTERING
       ,C.CLUSTERED
       ,C.FIRSTKEYCARD
       ,C.FULLKEYCARD
       ,C.NLEAF
       ,C.NLEVELS
       ,C.CLUSTERRATIO
       ,D.PARTITION
       ,D.PQTY
       ,D.SQTY
       ,D.FREEPAGE
       ,D.PCTFREE

  FROM SYSIBM.SYSINDEXES C, SYSIBM.SYSINDEXPART D
   WHERE C.NAME         = D.IXNAME
     AND C.CREATOR      = D.IXCREATOR
     AND (C.CLUSTERING = 'Y' AND C.CLUSTERED = 'N'
       OR C.CLUSTERING = 'N' AND C.CLUSTERED = 'Y'
       OR C.FIRSTKEYCARD < 10
       OR (C.FULLKEYCARD/C.FIRSTKEYCARD < 5 AND C.COLCOUNT > 1)
       OR C.NLEVELS > 3
          )

   ORDER BY
         C.TBCREATOR
        ,C.TBNAME
        ,C.CREATOR
        ,C.NAME
        ,D.PARTITION
```

6.6.4   Kritsche Packages

Kritische Packages sind dadurch gekennzeichnet, daß sie

- nicht Valid

oder

- nicht Operative

sind.

```
SELECT
     A.NAME
    ,A.OWNER
    ,A.BINDTIME
    ,A.PKSIZE
    ,A.AVGSIZE
    ,A.VALID
    ,A.OPERATIVE
    ,A.PCTIMESTAMP
    ,B.BNAME

FROM SYSIBM.SYSPACKAGE A, SYSIBM.SYSPACKDEP B
WHERE A.LOCATION  = '
  AND A.LOCATION   = B.DLOCATION
  AND A.COLLID     = B.DCOLLID
  AND A.NAME       = B.DNAME
  AND A.CONTOKEN   = B.DCONTOKEN
  AND B.BTYPE      = 'T'
  AND NOT (A.VALID = 'Y' AND A.OPERATIVE = 'Y')

ORDER BY
     A.NAME
    ,A.PCTIMESTAMP DESC
    ,B.BNAME
```

6.7   Invertierung eines Timestamps

Nachfolgend ist ein Code-Beispiel in der Programmiersprache COBOL für die Invertierung eines Timestamps zu finden. Diese Routine dient zur Erzeugung eines streuenden Schlüssels.

```
*                  FELDER FUER KONVERTIERUNG
*                  TIMESTAMP
*                  <-> INVERTIERTER TIMESTAMP
*
 05  W-CONV.
    10 W-CONV-TIMESTP         PIC X(26).
    10 FILLER REDEFINES W-CONV-TIMESTP.
       15 W-CONV-TIMESTP-T OCCURS 26
                           PIC X(01).
*
    10 W-CONV-CHAR-20.
       15 W-CONV-CHAR-20-T OCCURS 20
                           PIC X(01).
*
    10 W-CONV-CHAR-1-11.
       15 W-CONV-CHAR-1-10    PIC X(10).
       15 FILLER              PIC 9(01) VALUE 1.
*
    10 W-CONV-PIC9-1-11 REDEFINES W-CONV-CHAR-1-11
                           PIC 9(11).
*
    10 W-CONV-COMP3-CHAR-6.
       15 W-CONV-COMP3-CHAR-5 PIC X(05).
       15 FILLER              PIC X(01) VALUE '1'.
*
    10 W-CONV-COMP3-11 REDEFINES W-CONV-COMP3-CHAR-6
                           PIC S9(11) COMP-3.
*
    10 W-COMV-TIMESTP-IV.
       15 W-CONV-TIMESTP-IV-1-5  PIC X(05).
       15 W-CONV-TIMESTP-IV-6-10 PIC X(05).
* **************************************************
*                  KONVERTIEREN TIMESTP NACH
*                  TIMESTP-IV
  **************************************************
       MOVE 20 TO IX-3
*
       DO VERTAUSCH-1 VARY IX-2 FROM 1 TO 26
```

```
            IF IX-2 = 5 OR 8 OR 11 OR 14 OR 17 OR 20
                CONTINUE
            ELSE
                MOVE W-CONV-TIMESTP-T (IX-2)
                  TO W-CONV-CHAR-20-T (IX-3)
                COMPUTE IX-3 = IX-3 - 1
            END-IF
         END VERTAUSCH-1
* DA EIN GEPACKTES FELD IN COBOL NUR 18 ZIFFERN HABEN DARF,
* MUSS DER VORGANG DES PACKENS IN DAS ZIEL-FELD IN 2 BLOECKEN
* ZU JE 10 ZIFFERN GESCHEHEN
* - UEBERTRAGEN 10 BYTES IN CHAR-FELD
* - UEBERTRAGEN 10 ZIFFERN PLUS ANGEHAENGTE 1 IN GEPACKTES
*   11-STELLIGES FELD
* - UEBERTRAGEN DER ERSTEN 5 BYTES DES GEPACKTEN FELDES
*   ==> SOMIT FAELLT DAS RECHTE BYTE WEG, D.H. DIE ANGEHAENGTE 1
*       UND DAS VORZEICHEN WERDEN ABGESCHNITTEN
         MOVE W-CONV-CHAR-20 (1:10)
           TO W-CONV-CHAR-1-10
         MOVE W-CONV-PIC9-1-11        TO W-CONV-COMP3-11
         MOVE W-CONV-COMP-3-CHAR-5
           TO W-CONV-TIMESTP-IV-1-5
*
         MOVE W-CONV-CHAR-20 (11:10)
           TO W-CONV-CHAR-1-10
         MOVE W-CONV-PIC9-1-11        TO W-CONV-COMP3-11
         MOVE W-CONV-COMP-3-CHAR-5
           TO W-CONV-TIMESTP-IV-6-10
```

Literaturverzeichnis

[1]   Denne, Norbert: DB2 Theorie und Praxis, DGD-Verlag, 1992, ISBN 3-929187-00-0

[2]   IBM DB2 V3 Administration Guide, SC26-4888-00

[3]   IBM DB2 V3 Command and Utility Reference, SC26-4831-00

[4]   IBM DB2 V3 Performance Topics, GG24-4284-00

[5]   IBM DB2 V2.2 Design Guidelines for High Performance, GG24-3383-00

[6]   IBM DFSORT Application Programming: Guide Release 11, SC33-4035-14

[7]   Hoover, Chuck: Understanding the DB2 Version 3 Buffer Manager, Compuware Chuck Hoover Series, 1995

[8]   Mullins,Craig S.: DB2 Developer's Guide, 1994, ISBN 0-672-30512-7

Sachwortverzeichnis

CICS und effiziente DB-Verarbeitung

Optimaler Zugriff auf DB", DL/1
und VSAM-Daten

von Jürgen Schnell
1995. X, 313 Seiten. (Zielorientiertes
Software-Development; hrsg. von Fedtke,
Stephen) Gebunden.
ISBN 3-528-05438-7

Gute Performance von CICS, DB2, IMS,
VSAM u. a. ist nur dann zu erzielen, wenn
die beteiligten Systeme optimal aufeinan-
der abgestimmt sind. Alles für eine erfolg-
reiche Praxis notwendige Wissen zu einer
effizienten DB-Verarbeitung unter CICS wird
mit diesem Buch, das sich bewußt an den
fortgeschrittenen DB-Praktiker und an DV-
Verantwortliche wendet, kompetent und gut
verständlich vermittelt. Schwerpunkte der
Darstellung sind: Optimierung der System-
schnittstellen, Feintuning der Installations-
parameter, Maximierungsmöglichkeiten bei
verschiedenen CICS/ DB-Konfigurationen.
Gute Übersichtlichkeit und umfassende
Darstellung erleichtern das zielsichere
Nachschlagen in allen Fällen der täglichen
Arbeit mit den beteiligten DB-Systemkom-
ponenten.

Über den Autor: Jürgen Schnell ist Unter-
nehmensberater auf den Gebieten DB/DC
der IBM Rechnerwelt im In- und Ausland
tätig. Dabei greift er auf umfamgreiche Pra-
xis- und Projekterfahrung ebenso zurück,
wie auf Lehrerfahrung bei firmeninternen
Seminarveranstaltungen zu den Themen
CICS, DB2, DL/1, VSAM und SQL/DS.

CICS

Eine praxisorientierte Einführung

von Thomas Kregeloh
und Stefan Schönleber
1993. IV, 324 Seiten. Gebunden.
ISBN 3-528-05272-4

CICS ist ein Teleprocessing-Monitor der Firma IBM, der den Zweck hat, die „aktenlose"
Abwicklung von Geschäftsvorgängen über
mehr als 1000 Bildschirme unterstützen zu
können. Inzwischen gibt es auch CICS-Ver-
sionen auf PS/2 Systemen, die es erlauben,
Anwendungen auf PCs zu entwickeln. Das
Buch dient jedem, der selbständig Anwen-
dungsprogrammierung unter CICS voran-
treiben muß. Dabei wird besonders auch
Umsteigern von anderen Betriebssystemen
der Zugang in die „große" IBM-Welt erleichtert. Oberste Priorität hat der Praxisbezug,
daher wurde bewußt darauf verzichtet, den
Leser mit zuviel „Handbuch-Details" zu
überfordern. So beschränkt sich die Darstellung (im Command-Level) auf diejenigen
Befehle, mit denen die in der Praxis relevanten Aufgaben durchgeführt werden können. Vorausgesetzt werden grundlegende
Kenntnisse in der Programmierung.

Über die Autoren: Thomas Kregeloh und
Stefan Schönleber haben als DV-Praktikerihr
Handwerk von der Pike auf gelernt. Herr
Kregeloh ist Leiter einer Software-Entwick-
lungsabteilung eines bedeutenden Ham-
burger Unternehmens.

Verlag Vieweg · Postfach 1547 · 65005 Wiesbaden · Fax 0611/7878-420